U0173652

光明社科文库
GUANGMING DAILY PRESS:
A SOCIAL SCIENCE SERIES

·法律与社会书系·

科学传播中的科技争议

胥琳佳 ┃ 著

光明日报出版社

图书在版编目（CIP）数据

科学传播中的科技争议 / 胥琳佳著．－－北京：光明日报出版社，2022.11

ISBN 978-7-5194-6902-3

Ⅰ.①科… Ⅱ.①胥… Ⅲ.①系统科学-研究 Ⅳ.
①N94

中国版本图书馆 CIP 数据核字（2022）第 214263 号

科学传播中的科技争议

KEXUE CHUANBO ZHONG DE KEJI ZHENGYI

著　　者：胥琳佳	
责任编辑：刘兴华	责任校对：阮书平
封面设计：中联华文	责任印制：曹　净

出版发行：光明日报出版社

地　　址：北京市西城区永安路 106 号，100050

电　　话：010-63169890（咨询），010-63131930（邮购）

传　　真：010-63131930

网　　址：http://book. gmw. cn

E - mail：gmrbcbs@ gmw. cn

法律顾问：北京市兰台律师事务所龚柳方律师

印　　刷：三河市华东印刷有限公司

装　　订：三河市华东印刷有限公司

本书如有破损、缺页、装订错误，请与本社联系调换，电话：010-63131930

开　　本：170mm×240mm			
字　　数：229 千字		印　　张：15.5	
版　　次：2023 年 1 月第 1 版		印　　次：2023 年 1 月第 1 次印刷	
书　　号：ISBN 978-7-5194-6902-3			

定　　价：95.00 元

目　录
CONTENTS

绪　论

随着新媒体的发展，科技争议不断进入公众视野。在涉及包括转基因、地震预报以及食品安全等争议性问题时，甚至在包括疫苗接种、流感疫情防控、气候变化等本来没有任何科技争议的议题上，反对科学主流观点和无视科学证据的声音，甚或伪科学传言和毫无依据的谣言都得到了广泛传播。

科技争议的频发、社交媒体对民意表达的促进、科学家传播素质的欠缺，这些都需要科学传播工作行动起来应对争议、应答公众质询。相比传统的科普工作，这种对公众质疑的回应已经具有了公众参与科学模型的基本特征，即通过让公众参与科学发展进程和决策以获得他们对科技发展的支持。

公众参与科学模型肇始于西方社会频发的科技争议，它充分体现了科学的民主治理的精神和原则，有助于我们分析当下中国的各种科技争议。然而，仅仅在形式上实现这个模型所要求的对话与互动，并不能解决民主政治的平等原则和科技精英对知识天然垄断之间的矛盾。有效实现公众参与科学模型的价值需要深入地辨析科技争议所处的社会语境和深层次结构性原因，探索争议性科技议题的传播机制与效果，并相应地优化模型来理解和解决各种社会争议。

科学传播的重要发展变革就是在传播模式上从"公众理解科学"（Public Understanding of Science）发展为"公众参与科学"（Public Engagement with Science），即强调科学界与公众对话的公众参与科学模型逐渐取代了以教育"缺乏知识"的公众为手段的"缺失模型"（Deficit Model），成为科学传播领域的主流理论、传播模式和实践方式。

公众参与科学最直接的定义是指制定发展和应用科技的政策时汲取公众

意见。既包括在教育领域的参与式科学教育以及鼓励公众参与实际科研的公众参与研究，也包括在制定科技政策、推广新兴技术或启动科技项目时听取公众意见的民主治理活动。① 其本意并不限于物理空间上，也可以指公民在网络上的公共表达、思想上融入科学的发展。该模型的诞生和发展与西方社会不断爆发的各种科技争议——转基因、核电、气候变化等——密切相关。这些争议在很大程度上体现了公众对官方权威结论的不信任和抵制。②

迄今为止，公众参与科学模型在科学传播理论界取得了广泛共鸣。美国著名 STS 学者希拉·贾森诺夫（Sheila Jasanoff）指出，美国的科技治理结构实际上是基于政府、科技界与公众的谈判而形成的，通过公众参与科学，可以对科技治理的意义，包括如何确立科学的合理边界，进行重新谈判。③ 在现实压力和理论推动下，西方社会发展出科学对话、科学听证会及公民共识会议等旨在以对话方式将公众意见融入科学决策的多种公众参与科学的形式。

鉴于公众参与医疗与环境事务等广义的科技领域在当今社会公共事务中的重要性，风险管理与公共政策研究者也对这一领域展开了主要基于实证手段的研究。他们从人类认知机制入手探讨公众参与科技的问题。这些政策学者的实证性研究工作为促进公众参与科学的实施提供了重要的参考和延伸。

在我国，公众参与科学模型得到了学界较为广泛的关注，但学者们更多是从科学技术学（Science and Technology Study）的理论视角或科技政策制定这一层面探讨这一模型在中国社会，诸如转基因、PX 化工厂建设等科技方面的争议愈演愈烈，但学界只注意到科技争议的爆发带来了公众参与科学的必要性，而没有对此进行深入探讨。

公众参与科学在近年来也面临着诸多实践与理论的挫折与挑战。首先，在公众参与科学的项目得以广泛实施后，科技争议仍然普遍存在。同时，学

---

① 贾鹤鹏，苗伟山. 科学传播、风险传播与健康传播的理论溯源及其对中国传播学研究的启示 [J]. 国际新闻界，2017，39（2）：66-89.

② NELKIN D. Selling Science [M]. New York：Freeman，1995：23-46.

③ JASANOFF S. Technologies of Humility：Citizen Participation in Governing Science [J]. Minerva，2003（41）：223-244.

者和实践者都发现，以反对科学中心主义为由简单抛弃缺失模型并不能解决科学家与公众之间客观存在的知识差距。只是让公众"参与"科学并不能改变公众在科学议题决策上的弱势。该模型在西方国家的科学传播实践中应用多年后所暴露出的一系列问题中，最核心的问题在于，赋予公众与科学家同等的对科学发展的参与权，是否就能弥补参与科学发展进程所需要的、但公众所欠缺的科学知识？从实践上讲，公众参与科学模型的公众分布在哪里？他们是否愿意参与科学发展？影响公众参与科学的因素有哪些？公众如何能够更好地参与科学？

就在公众参与科学模型在理论和实践层面都需要进一步发展之际，互联网逐渐发展成为传播活动的重要载体。近年来以微博为代表的社交媒体更是让公众参与公共议题的讨论更加便捷，更加互动。但是国内外学界对社交媒体上的科学传播形态还很少涉及。那么以微博为代表的社交媒体是否会由于其便捷性促进公众对科学议题的参与呢？微博等社交媒体的广泛应用是否有助于提升科学对话的代表性呢？科学议题的微博舆论情况如何呢？

为此，我们有必要通过梳理公众参与科学模型的理论和实践发展，在辨明中国科技争议性质及考察新媒体传播手段对中国科技争议的影响的基础上，探讨如何基于公众参与科学模型调节和解决中国的科技争议。

本书探讨的理论模型以公众参与科学模型为主体，旨在辨析其适用性和优化方案，并运用行为理论中的系列理论探讨公众的参与。课题在研究视角上兼顾了理论视角和现实视角，研究方法上则兼顾了前沿的分析方法。

本书以转基因技术及食品、食品添加剂、雾霾议题、PX 项目、疫苗议题、慈善募捐活动为例，研究争议性科技议题的科学传播，不但要探讨中国社会以及这些具体案例的特点，也要深入探究新媒体环境下公众参与科学模型的理论内核，分析其遭遇的理论与实践挑战，通过对媒介呈现出的公众对科技知识的需求、科学媒体关系以及争议性议题的传播效果的研究，最终找出可行的科技争议的解决途径。

因此，本书的各章节安排如下：

第一章主要对文献进行梳理，厘清核心概念，包括争议性科技议题、公众参与、公众参与科学等概念，作出较为详尽的理论发展脉络分析，形成本报告分析框架的依据。对公众参与科学的研究分别从参与主体（who）、如何传播（what）、影响因素（how）、参与效果（what effect）等方面依次展开。

第二章首先从公众参与科学传播的主体入手，将参与主体分为公众、科学家、媒体等主要部分，这也是科学传播议题中的核心主体。对公众的分析中，引入公众细分的概念和方法，识别出这些科技争议中的核心人群，即积极公众，然后对其传播行为进行预测分析。在科学家主体的分析中，采用话语分析的方法考察其科学话语的建构，以及科学家与公众之间的关系。另一个参与主体即是媒体，对科技议题中的新闻报道展开了分析。

第三章关注新媒体领域，尤其是社交媒体上的科技健康信息如何传播。社交媒体是新媒体研究中的热点，也是科学传播中新的传播方式。本部分探讨了社交媒体中的社会网络结构和传播内容与情绪分别呈现怎样的特征，预测分析这些特征对于传播效果，尤其是微博中的帖子转发数的影响，从而回答了新媒体中如何传播信息的问题，在此之中，媒体、公众、科学家都在参与其中。

第四章分析了公众参与科学的传播效果，从影响因素的角度展开。分别考察了舆论态度和媒介使用对于个体认知、态度的影响，STEM 标准这个在科学教育领域中最热门的概念对于媒介教育和传播的影响，最后从更大社会背景中的社会文化因素的角度，尤其是中国传统文化因素的角度，考察了人们对科技争议态度形成的影响。

第五章回答了如何参与和参与效果的问题，分析了公众参与中的参与行为意图的作用机制，对比分析了已有行为意图模型中的最优模型，找到了影响行为意图的最大效用的路径机制。同时对目前我国公众实际参与科学中最广泛使用的行为——网络公共表达——进行分析，考察了影响网络公共表达的主要因素，并对我国争议性科技议题的公众参与现状和问题进行了归纳。

第六章提出我国公众参与科学的策略。首先对我国公众参与科学传播的诸多环节，包括参与主体、科学素养、影响态度和行为的因素、参与方式等作出了特征总结。在此基础上，提出了科技争议议题的有针对性的传播策略。

第一章

科技争议与公众参与科学

第一节　科技争议

科技争议是科学技术学的一个主要研究领域，因为"这些争议描述了（科学领域的）剧烈的思想变化和发展"，而在后工业时代，由于科学渗透到生活中的方方面面，科技争议也提供了一个研究各种社会问题的理想平台。①

在对科技议题的认知与采纳过程中，关涉主体除了普罗大众，还有科学共同体。而引起争议的议题可以是科学共同体内部存在争议，比如转基因议题，也可能是公众与科学共同体之间出现了分歧，比如疫苗接种等议题。对于其内涵和外延我们需要进一步分析争议的产生原因。

米勒认为引发社会争议的科技议题至少涵盖以下特征：专家团体内部对此项科技应用于社会的状况缺乏共识，涉及判断争议的证据和资料仍不完整，实际应用的结果和预测皆以概率做出而并非绝对的肯定②。

在内尔金看来，科学的社会争议反映了公众对科学技术所扮演的日益重要作用的关切，揭示了个体自主性与共同体需求之间的张力，突出了人们在

① NELKIN D. Science Controversies: The Dynamics of Public Disputes in the United States. Handbook of Science and Technology Studies [M]. London: SAGE Publications, 1994: 533-553.

② MILLER D. The measurement of civic scientific literacy [J]. Public Understanding of Science, 1998 (7): 203-223.

政府所扮演的恰当角色问题上的分歧，说明了科学与其他社会制度之间的潜在矛盾关系。说到底，关于科学技术的各种争论实质是关于利益和道德资源分配以及权力和控制的斗争。换言之，对于那些事实性知识的争执，新的、相关科学知识的发现的确有助于争议化解，但这可能是一个漫长的过程。如果争论反映了相互竞争的利益，通过谈判协商，双方达成共识可以减少冲突并最终解决争论。① 然而，如果争论的核心问题牵扯道德、价值观念，那么无论是公众参与还是谈判磋商都对此作用有限，"那些以竞争性的社会价值观和政治价值观为基础的冲突很少能得到解决。"②

贾鹤鹏和闫隽根据科技争议的不同研究路线分别分析了对科学发现优先权之争的默顿式（Mertonian）经典科学社会学、从社会条件角度对科学争议内容的研究以及 SSK 对科学争议的认识论研究，引发公众关注的科技争议的社会政治研究。③

有关争议的研究表明科学的社会争议产生源于一系列的政治、经济和伦理关怀，而现实状况的复杂性又使得争议多不是单侧面，它们多是不同关注的交叉与混合。综合前人研究，我们可以归纳出如下六类：

第一类争议涉及科学理论或研究实践的道德或宗教意涵，特别是由此潜在产生的道德或伦理冲突。这类争议常见类型包括动物权利保护主义者对于在科学实验中使用动物做研究的反对，西方民众对于政府允许人兽混合胚胎研究、堕胎、人体代孕的抗议等。

第二类争议源自环境保护价值观与政治或经济优先性之间的紧张。这种争议的典型表现为临避运动，即公众为保护自身利益不受侵害，反对在其家乡或居住地等临近地区建设核电站、PX 化工厂、垃圾焚烧厂等设施。近年

---

① 杨萌. 论公众参与科学范式解决科学的社会争议的困境 [J]. 科技促进发展，2017（7）：34-38.

② NELKIN D. Science Controversies：The Dynamics of Public Disputes in the United States. Handbook of Science and Technology Studies [M]. London：SAGE Publications，1994：533-553.

③ 贾鹤鹏，闫隽. 科学争论的社会建构——对比三种研究路线 [J]. 科学与社会，2015（1）：26-28.

来，我国此类抗议频发，仅反对 PX 建设项目的民众抗议就曾发生于厦门、昆明、茂名等多地。

第三类争议与工业和商业活动的科技运用及其潜在产生的健康危害有关，热衷经济利益与那些担心风险的人会由此产生冲突。转基因产品是否应当进入市场，有利于食品保存却潜在可能致癌的特殊食品添加剂能否使用，特定工作环境是否危害工人身体健康等都可视作此类争议。相对科学家或政府部门对于转基因等新技术运用所带来益处的强调，一些公众则担心科学危害产生的不可逆后果，他们可能在认识到某种技术所带来的益处的前提下，仍然认为不值得为此冒险。

第四类争议则反映了个体期待与社会目标或共同体目标之间的张力，它常常出现在对于政府规制活动的争论中。这类争议的出现与政府规制活动中的科学和技术广泛应用有关。为了维护集体利益，政府决策对个体行为进行限制，由此可能会抑制个体的（选择）自由，在一定程度上侵犯个体权利，进而引发争议。如政府为了保障社会安全对个人电话、电子邮件进行监控，会被视作侵犯个人隐私；政府为了保障公共健康，在食盐中全面加碘，在饮用水中全面加氟，此类政策举措侵犯了个体的自由选择权。

第五类争议则与科学技术在人类认识中的权威或者"霸权"地位，以及由此所产生的影响有关。作为一种权威性知识，科学技术常被视为是理性、客观、公正无偏私的，由此它也成为一种认知工具，被用来判定他类知识或活动的合理性与存在价值，而争议正在此种互动交涉中产生。这种以科学技术知识为标准衡量它类知识价值优劣或存在价值的行为，使得一些地方出现反科学"霸权"争议。一些学者认为，要理性认识科学在社会中的作用，反对认识中的"惟科学主义"。

第六类争议则是指由科学界内部纷争或失序所造成的社会余波，它与科学资源的分配、科学共同体的管理等有关。如政府对耗资巨大的超级对撞机、人类基因组计划、太空计划等大型科学项目的投入会激起社会对有限资源在科学内部分配公平性的讨论；科学家数据造假、滥用研究基金等会唤起人们对科学家责任和科学共同体规范的热议。引起社会广泛关注的韩春雨是否造假事件，杨振宁与王贻芳等关于是否应当建设超级对撞机之争属于此类争议。

作为一种"理想类型"建构，以上归类有助于我们系统地认识科学技术的社会争议。不过，这种分类也存在一定的问题。这是因为争议的产生可能是多维的，公众的抗议也是多侧面的。以转基因食品为例，除去担心其安全性，一些虔诚的信教徒还担忧转基因技术可能对其民族宗教信仰造成侵害。这是因为转基因技术使得在农作物中植入动物基因成为可能，而这有可能使得他们在不知情的状况下误食含有转他们所禁忌食用的动物基因的植物。①在中国社会，公众对于第二类和第三类争议更为关注，争议也更为激烈。

科技争议的产生源于公众对于科技发展和应用的潜在危害的担忧，然而，争议的出现也不都是坏事，相反，公众的抵制和质疑能够为认识其偏好提供关键和有用信息。考虑科学争议的化解问题，首先要搞清楚公众争议的焦点所在，弄明白他们究竟是因无知而盲目反对，还是在反对隐藏在科学修辞背后的政治选择或道德选择。

与20世纪70年代的西方类似，当今中国的科技争议也此起彼伏，而互联网和社交媒体的迅速普及，往往让争议迅速扩散，超出政府和专家的预期。这些与科技相关的争议，最鲜明的特点是广大公众拒绝接受政府和专业人士的意见，根据自己掌握的信息，得出与官方或主流科学家相异甚至相反的观点。

另一类科技争议集中在环境领域。例如，继厦门、大连、宁波等地后，2014年3月30日，广东茂名上万人再次走上街头，抗议政府规划建设PX化工厂，尽管在各种化工原料中，PX只是低毒物质，也缺乏直接致癌性的证据。

需要特别指出的是，学界经常使用科技争议、科学争议、争议性科技议题等词，本意都是相同的，都是指科技领域内的有社会影响争议的议题，而科技争议更是包含了科学技术，也即包含了科学争议的范畴，故本书将通篇

---

① 张新昌.转基因技术应用引发的科技伦理问题研究——以转基因食品为视角［D］.开封：河南大学，2012.

使用科技争议这个概念。

第二节 公众参与

20世纪50年代，米尔斯（Mills）和斯科特（Scott）首次提出公众参与理论，核心观点是"政府应给予公众在更大范围和更高层次上参与决策的权利，以改变封闭落后的官僚决策方式"。卡宾（Cabin）等人随后深化了其内涵，认为"它是权力的再分配以使得处在政治经济过程外围的穷人掌握一定权力，被吸纳到权力束中的过程"①。现代公众参与公共决策的理论逻辑依赖于民主、政治和经济三大原则：基于民主原则，公众应该知道政府治理追求的目标，有权要求公众在决策过程中的代表性；基于政治原则，公众参与的公共决策才能反映公众利益，这是负责任政府的执政根基②；基于经济原则，公众作为剩余索取人一方有权知晓契约执行的信息，并做出决定是否缔结新的契约以维护公平。③

传统社会是不参与的，而现代社会是参与的，经济水平愈高，参与水平也愈高。④ 公众参与对于一个国家的政治、经济、发展意义深远。

在当代政体下，各国法律和政治制度也在不同程度上承认公民是知识行动者，拥有知识权利。这些知识权利为各国不断完善的法律体系，尤其是那些强调知情权的行政法律法规及其实践所保障。

贾萨诺夫以美国为例，归纳了西方行政法律法规所保障的公民所拥有的知情权：信息自由法保障的暴露于风险知情权、消费者权益保护法保障的知

① CABIN P, ROBERT C. Challenging the professions: Frontier for rural development [M]. New York: Intermediate: Technology Publications, 1993: 57.

② SHEPHERD A, BOWLER C. Beyond the requirement: Improving public participation in EIA [J]. Journal of Environmental Planning and Management, 1997, 40 (6): 725-738.

③ WILLIAMSON E. The mechanisms of governance [M]. Oxford: Oxford University Press, 1996: 19-28.

④ 塞缪尔·亨廷顿，琼·纳尔逊. 难以抉择——发展中国家的政治参与 [M]. 汪晓寿，等译. 北京: 华夏出版社, 1989: 46.

情消费权、行政诉讼法保障的公平诉讼权和不利决策上诉权、行政程序法保障的决策参与权和要求论证权、一些规章制度要求的在科学研究中保护病人与受试人的知情同意权。① 这些法律法规保障公众有权获得影响他们生活的知识，并为公众参与科学治理，挑战他们认为不合理的政府决策提供了法理基础。

英国的国家公众参与协调中心（National Coordinating Center for Public Engagement，NCCPE）对公众参与的定义为"公众参与是把高等教育和研究中的活动和成果共享给公众的多种形式。参与是一种双向的过程，包含互动和倾听，为了达到共赢的目标"② 这个概念强调多个特征，但其中最为重要的是指出了公众参与的多种不同的形式。正是因为形式众多，学界的研究还无法为公众参与给出一个笼统的模型或机制。

不同的参与模式会得到不同的效果，也能适应不同的受众的需求。所以在开展公众参与活动之前首先需要明晰目的和受众。总结已有研究，根据参与目的的不同，参与方式可划分为三大类：

告知（Informing），告知公众信息，激发公众对你需要传播的内容的兴趣。比如通过媒介进行传播，或者做展示报告、写作等方式到达非专业人群。

咨询（Consulting），知晓公众对专业研究的意见和看法，听取不同角度的意见。比如通过在线咨询会，小型研讨会等方式。

合作（Collaborating），鼓励公众以研究者的方式参与到科学研究中，合作确定未来研究方向、政府决策以及对研究成果的运用。

这些类别之间并没有层级的区别，在实际运用中多种形式共同开展往往更有效。

可见，公众参与是提倡的一种和公众之间的沟通方式，包含了多种多样的具体方式。而在此基础上发展出了各个具体的领域，比如公众参与研究。而本书的主题"公众参与科学"就是其中的一个重要领域。

---

① 陈鸣，许十文，单崇山. 碘盐致病疑云［N］. 新文化报，2009-07-31.

② 参见 National Coordinating Center for Public Engagement 官网。

第三节 公众参与科学

一、从公众理解科学到公众参与科学

科学传播作为一个独特的研究领域兴起只是二三十年来的事情，但是作为一个快速发展的研究和实践领域，科学传播的理念经历了一系列的演变。在科学建制化和科学家职业化之前就存在向大众普及科学的尝试，近年来相关研究开始蓬勃发展。

2008 年，英国科学传播学者马丁·W. 鲍尔（Martin Bauer）等人用"科学素质""公众理解科学"以及"科学与社会"三个范式概括公众对科学发展的理解过程[1]，每个阶段都比前一个阶段有进步。这三个范式的变迁分别涉及了知识的缺失、态度的缺失和信任的缺失，并且都相应地有一系列举措和行动以补偿这种缺失。

在传统科普阶段即"科学素质"范式（20 世纪 60 年代至 80 年代中期）下，科学传播的主要目的在于弥补公众在科学知识方面的缺失，因为"无知的"公众在知识方面的"缺失"需要科学家去填补，其假设"科学知识是绝对正确的知识"，公众是等待科学知识灌输的"空瓶子"。

1985 年英国皇家学会发布了《公众理解科学报告》之后，科学传播开始进入"公众理解科学"（20 世纪 80 年代中期到 90 年代中期）这个范式。"公众理解科学"超越了传统科普的科学知识层面，扩展到了科学态度等维度。这个范式隐含的意思是：公众可能因为不了解科学，而不支持对科学的投入。它强调的是对科学的态度，破除了知识越多、态度越积极的假设，因为知识不足或者知识充足都不足以解释公众对待科学和技术的态度。[2] 如果

---

[1] 李娜，史晓雷编译. 近 25 年来"公众理解科学"调查研究进展［J］. 科学新闻，2008（19）：4-6.

[2] 刘兵，宗棕. 国外科学传播理论的类型及述评［J］. 高等建筑教育，2013（22）：3-15.

说"科学素质"阶段解决的是知识的缺失，那么"公众理解科学"要解决的则是态度的缺失。

20 世纪 90 年代中期进入"科学与社会"范式。2000 年英国上议院发布报告《科学与社会》，认为科学传播不应是从科学共同体到公众的单向的、自上而下的传播，而应聚焦于对话，或者说科学家与公众的双向交流与互动。由于对科学"兴趣有余，信任不足"，公众倾向于信任那些与他们有共同价值观或者动机的人们，同时，选择性记忆、选择性遗忘和负面偏好也会给公众对科学的信任带来损害，进而形成对科学不友好的态度。"科学与社会"范式认为在科学与公众的互动中出现了信任的缺失，即公众对科学和技术、科学共同体、科学传播不信任。

可以说，国内也经历了这种趋势，只是相较于英美等国学者总结的时间晚了一些。"科普，作为中文的专有名词，在 1949 年以前并没有出现过。自 1950 年起，它是'中华全国科学技术普及协会'的简称。从 1956 年前后开始，'科普'作为'科学普及'的缩略语，逐渐从口头词语变为非规范的文字语词，并在 1979 年被收入《现代汉语词典》中，终于成为规范化的专有名词"①。进入 21 世纪以来，科普工作得到了党和政府高度重视，2002 年 6 月 29 日通过了《中华人民共和国科学技术普及法》，使得科普工作有法可依，同时《全民科学素质行动计划纲要（2006—2010—2020）》（以下简称"《纲要》"）的颁布实施也把提升公民科学素质摆在了重要的位置。一系列科普实践和科普活动开始出现，比如全国科普日、中国航天日、全国科技活动周、科普嘉年华等。

与之并行的是，一些学者把"科学传播"的术语和理念引入国内的研究和实践，认为科学传播在一定程度上不同于科普，或者说比科普更进一步，因为它强调互动和交流，强调对科学的人文和哲学思考。由于研究的方式、方法不同以及科学传播在国内尚未成为独立性很强的学科，因而出现了这个领域中一些术语混用的现象，如科普、科学传播、科技传播、科技传播与普

---

① 樊洪业. 解读"传统科普"［N］. 科学时报，2004-01-09.

及等。近几年，随着科学传播的不断发展以及各方面对科学传播的重视，科学传播的理念开始融入科研人员和科学共同体的实践当中，比如中国科学院成立了科学传播局。"科普、公众理解科学、科学传播的区别并非历史的或是层次的，三者只是侧重不同，无论传统科普还是现代科普，其本质都是科学大众化的实践活动，只不过内容发生了变化"①。特别是在国内，科普、"公众理解科学"和科学传播出现了"同时在场"的情况，这和我国的特殊国情有一定的关系。

一方面，公众参与科学的呼声高涨等促进了我们对科学传播的理解和实践；另一方面，传统科普在广大农村地区和偏远山区仍然有存在的"市场空间"和需求。另外，"公众理解科学"也一定程度上体现在我们有关的政府行动和措施上。科学传播的发展是将"传播"的新理念不断引入"科学"的历程，逐渐用"多元、平等、开放、互动"的传播观念来理解科学、对待科学。②

随着互联网技术的不断发展，在获取科技信息方面，公众会根据自身需求主动地检索和获取信息，对科学不仅要"知其然"，更要"知其所以然"，这开始促使科学传播转变为"公众参与科学"。2017 年 4 月英国下议院科学技术特别委员会发布了题为《科学传播与参与》的报告，加之以前一些科学传播方面的报告也更多地采用了"公众参与"这一术语，因而我们可以认为"公众参与科学"已经成为实践和研究的主要方向，甚至可以认为"公众参与科学"的范式正在出现。

比如环境议题中，自 1970 年美国首次提出公众参与环境保护后，20 世纪 90 年代以后，许多发达国家的"绿党"以改善环境、提升质量为施政纲领，动员公众以赢得选票支持。1998 年联合国欧洲经济委员会通过了《奥尔胡斯公约》（The Aarhus Convention），强调了公众从公共当局获得环境信息的权利和参与环境治理的重要性。自此，公众得以深入洞察污染危害并且

① 刘兵，侯强. 国内科学传播研究：理论与问题 [J]. 自然辩证法研究，2004（5）：4-6.
② 孙文彬，李黎，汤书昆. 整合"普及范式"和"创新范式"两大传统——兼谈我们所理解的科学传播 [J]. 科普研究，2013（2）：32-34.

参与环境治理。法国经验表明，环保意识和公众参与是国家环境政策有效实施的重要保障，公众成为国家环境改善的中坚力量。对欧盟的研究发现，公众参与渠道对环境治理至关重要。推动利益相关者行动的关键是公众早期真诚的参与。① 市场经济衍生的政治民主化和利益多元化，已经培育了中国公众参与的土壤。②

在国内，公众参与科学的热情不断高涨，比如《北京科技报》举办的"我为家乡测河流"环保行动让公众真正地参与到科学研究之中。PX 词条保卫战、转基因食品品尝会、科研院所的公众开放日等都是公众参与科学的体现。而在自媒体时代，公众参与科学的形式也在不断丰富和拓展，中科院"SELF 格致论道"公益讲坛（SELF 是 Science、Education、Life、Future 的缩写，旨在以"格物致知"的精神探讨科技、教育、生活、未来的发展）举行的阴阳五行能否纳入《纲要》的辩论，就在线上和线下引发了广泛的讨论。

二、公众参与科学

公众参与科学，其英文名对应地有两个，分别是 public participation（PP）以及 public engagement（PE），不同的名称在学术研究和政府文件中使用倾向不同③④。直到 2000 年左右，出现了对 PE 的使用多于 PP 的明显趋势⑤，而这个转变被阐述得很少。从语义上来看，engagement 暗含的对兴趣

---

① PETTS J, LEACH B, HOUSE R, et al. Evaluating methods for public participation: Literature Review [J]. Environment Agency, 2000 (8): 352-376.

② 涂正革, 邓辉, 甘天琦. 公众参与中国环境治理的逻辑: 理论、实践和模式 [J]. 华中师范大学学报, 2017, 57 (3): 38-40.

③ NOWOTNY H, SCOTT P, GIBBONS M. Re-Thinking Science: Knowledge and the Public in an Age of Uncertainty [M]. London: Polity Press, 2001: 138-139.

④ WYNNE B, FELT U. Taking the European Knowledge Society Seriously: Report of the Expert Group on Science and Governance to the Science, Economy and Society Directorate [R]. Brussels: Directorate-General for Research, European Commission, 2007.

⑤ DELGADO A, KJOLBERG K, WICKSON F. Public engagement coming of age: From theory to practice in STS encounters with nanotechnology [J]. Public Understanding of Science, 2011, 20 (6): 826-845.

的激发更多，和 upstream engagement 的概念更接近。① 所以 PE 对于早期兴趣的激发，和参与的形式都有包含，其内涵更大。而在中文的翻译中，二者都被翻译为了公众参与。

如前文所述，"参与"往往描述的是科学学习中的受众参与，而在公众参与科学的范畴之中，无论是文献还是实践，都被描述为公众和科学家的共同学习，有时候也包括政策制定者。它区别于单向的知识输送，强调的是双向的互动。尤其是鼓励科学专家们和不同背景的人们共同商讨各自的视角、意见、知识以及对科学问题和科技争议的价值观念。所以，公众参与科学是个多元对话的框架模式，包含所有参与者共同学习的过程。

对公众参与科学最广泛接受的定义为在议程设置、科学决策、政策制定等实践中的公众参与。② 那么，对公众参与科学展开具体研究的时候需要搞清的几个问题包括谁应该被包括进公众参与科学？公众参与科学如何开展？公众参与科学在哪里落地？何时进行？

参与科学的公众是所有人吗？部分科学技术与社会（STS）的学者提出并不需要更多的公众参与到每一个科学事件中③④，并且让所有人参与科技相关议题中也并不现实⑤。那么找到谁是相关的参与者就尤为重要。美国环境保护署在一份 2001 年的报告中，将公众参与科学活动的主体分为四

① WILSDON J. Paddling Upstream：New Currents in European Technology Assessment ［M］// The Future of Technology Assessment. Washington DC：Woodrow Wilson International Center for Scholars，2005：22-29.

② ROWE G. FREWER L. A typology of public engagement mechanisms ［J］. Science, Technology & Human Values，2005，30（2）：251-290.

③ BARNS I，SCHIBECI R，DAVISON A，et al. "What Do You Think about Genetic Medicine?" Facilitating Sociable Public Discourse on Developments in the New Genetics ［J］. Science，Technology and Human Values，2000，5（3）：283-308.

④ LENGWILER M. Participatory Approaches in Science and Technology：Historical Origins and Current Practices in Critical Perspective ［J］. Science，Technology and Human Values，2008，33（2）：186-200.

⑤ JASANOFF S. Technologies of Humility：Citizen Participation in Governing Science ［J］. Minerva，2003（41）：223-244.

类——利益攸关者、直接受影响的公众、观察事态的公众以及一般公众。①

不同的议题选择往往决定了参与主体并不相同。而公众参与科学的目标也存在很大差异，政府机构执行的公众参与科学活动，往往是为了特定政策征求民意；而科学界推动公众参与，目的主要在于说服公众接受一些新兴或争议性技术。不同的目标往往导致了公众参与科学活动在代表选择、激励机制、汲取民意的程度和效果评估等方面采取不同的机制。美国科学院 2008 年出版的《公众参与环境评估与决策》报告系统综述了公众参与科学与环境事务的 1000 多项研究，它指出，尽管大量实证研究表明公众参与这种方式有效，但要让这类活动取得实际成效，它们就必须具有明晰的目的、恰当的参与主体、周密的程序、充分的资金与人员、根据政策或科技发展的不同阶段对公众参与方式与形式的恰当把握、注重执行与评估以及充分融合相关领域最新的科技知识。②

在公共关系领域的学者对于公众所展开的研究也同样丰富，并于近期越来越关注积极公众的研究。这对我们分析公众参与科学的主体有所启迪。后文对公众主体的分析将采纳这种分析逻辑。

公众逐渐走向决策舞台，成为争议中的关键行动者。这种变化主要有以下两个原因：一是我国决策体制不断开放，相继建立公示制度、听证制度等的规则和程序，开始鼓励公众参与公共决策。特别是 2007 年，国务院颁布的《政府信息公开条例》首次以行政法规形式确认并保障公众对于政府信息享有知情权。③

变化出现的第二个原因来自以因特网为代表的信息通信技术的发展。技术的进步一方面为公众提供了更多的信息，使得社会不同部门间的沟通交流

---

① U. S. Environmental Protection Agency Science Advisory Board. Improved science-based environmental stakeholder processes [M]. Washington, DC: National Academy Press, 2001: 309.

② US National Research Council. Public participation in environmental assessment and decision making [M]. Washington, DC: National Academy Press, 2008: 223-244, 137-156.

③ 杨萌，尚智丛. 科技公民身份视域下的科技争议 [J]. 自然辩证法研究，2018，34（2）: 44.

更加广泛；另一方面有效地保障了表达自由，使得个体有更多的机会交换和共享知识、观点，参与到社会和政治生活中。

另外，对于公众参与科学的具体形式和机制，学者提出以下三者是合适的、有效率的方式①：公共传播（public communication），信息从所有者向公众的传输；公共咨询（public consultation），信息从公众向所有者的传输，随后有所有者的反馈过程；公共参与（public participation），信息在公众和所有者之间的交换。这三者的传播结构和其目的均不同。

这三种类型中的具体方式又有很多种。比如：传播包括广播电视等大众媒体、热线、互联网信息、公众听证会、公开会议等；咨询包括小组会议、咨询文件、电子咨询、焦点小组、民意调查、问卷调查、电话调查等；参与包括工作坊、公民陪审团、共识会议、协商民意调查、协商制定规章、特别小组、市民大会等。

可见，公众参与科学的机制方式多种多样，但是从参与方式来看，主要包括面对面的方式和非面对面的方式。从参与人群来看，包括最广大公众，选取公众代表的方式。本报告后面的分析将兼顾这几个方面。比如选择的公众参与科学的方式中，会选择面对面的方式，同时会选择网络参与表达意见。在人群选择上，一方面会选择对广大公众的案例，同时也会选择公众代表的例子，比如识别积极公众及其特征。

综上所述，公众参与科学的核心是如何鼓励、激发更多的公众参与到科学中来，从而能够支持科学发展、政策制定，而参与的形式多种多样，只要能够接触、了解到科学信息。所以我们需要对参与主体以及对参与意愿和行为的影响因素进行深入剖析，从而制定相应的策略。

本书将选取我国有代表性的争议性科技议题做个案分析，以期能够为相同目的、相同参与方式的同类议题作推论，核心工作需要厘清公众参与科学的情况主体，这将在接下来的第二章进行展开分析；针对非面对面的传播形式，并且适应了新媒体情境特征，选择疫苗议题的公众参与科学进行研究，

---

① ROWE G, FREWER L. A typology of public engagement mechanisms [J]. Science, Technology & Human Values, 2005, 30 (2)：251-290.

旨在探索新媒体内容的传播方式和传播效果，这将在第三章展开；第四章选择转基因议题、食品添加剂议题等，对公众为何参与科学传播及其影响因素进行探讨；第五章选择了面对面对参与的案例以及新媒体上网络表达参与的案例分析公众如何参与科学。

　　由于我国的公众参与科学实践还处于起步阶段，和国际上的实践阶段存在区别①，因此对于国际上更广泛意义的公众听证会、协商制定规章等方式都不在本研究中展开。

---

① XU L, HUANG B, WU G. Mapping Science Communication Scholarship in China: Content A-
nalysis on Breadth, Depth and Agenda of Published Research [J]. Public Understanding of
Science, 2005, 24 (8): 897-912.

第二章

科学传播的参与主体

第一节　公众主体：公众细分与积极公众

一、公众与公众细分

公众是一个在舆论学、政治学、公共事务和公共关系等多个领域中的常用词汇。在公共关系学科的研究中，对公众的传统理解有两个经典理论，分别由杜威（Dewey）[①] 和布鲁默（Blumer）[②] 提出，他们认为公众的类型很多，而公众面临着共同的问题。也就是说，公众被定义为一个面对共同的问题且意识到这个问题的重要性的群体。[③] 公共关系领域中的学者们近年来普遍将其定义为识别出相同的问题后为了解决问题而努力的同类社会群体。[④]

细分（segmentation）被定义为"根据个体的相似状况，把人群、市场、

---

① DEWEY J. The public and its problems [M]. Chicago：Swallow, 1927：125-127.

② BLUMER H. The mass, the public, and public opinion [M] // BERELSON B, JANOWITZ M. Reader in public opinion and communication [M]. 2nd ed. New York：Free Press, 1966：43-50.

③ 彭泰权, 单娟. 公共关系的公众细分及其传播策略 [J]. 国际关系学院学报, 2005（4）：25-28.

④ KIM J, NI L. Two types of public relations problems and integrating formative evaluative research：A review of research programs within the behavioral, strategic management paradigm [J]. Journal of Public Relations Research, 2013, 25：1-29.

受众分成不同的组"①。在公共关系领域，对公众的细分的目的主要是在问题情境中识别出最关键的群体，这样有助于与其构建连接。②

根据不同的传播目标和策略，会有不同的公众细分需求。对市场的细分中，主要目的在于通过对产品或服务的促销来提高成本效益。而公共关系领域中的细分是为了减少解决问题的成本，以及增加公众的支持。③ 在科学健康议题中，公众细分的过程可以通过识别出积极的公众，以降低沟通成本，增加战略机遇。

对公众的理解也影响到对公共舆论或民意的理解。民意调查往往通过问卷调查测量大众的意见，认为公共舆论是每个人的意见的总和。那么"公众"就有助于从人群中识别出公共舆论。④ 在健康科技争议事件中，存在着众多的议题，人们对不同的议题会有不同程度的感知。科学健康传播界就需要找到人们如何感知这些问题并且挖掘其中的积极公众。

公众细分（audience segmentation）是指在人群中识别一致性或识别出具有一致性的群体的过程，其本质是将异质的受众分成相对更同质的受众。⑤ 公众细分的目标是最小化组内差异，同时将组间差异最大化，以此来完成有针对性的信息传递。公众细分有一定标准，一般来说，细分群体必须是可定义的、互斥的、可量化的、成本可控的，同时，被细分的公众群体数量一定要足够大。公众细分在传播、公共健康以及政治领域都有很大的重要性，可用于提高公众参与活动的有效性，是加强气候变化传播的有力工具，同时，

① GRUNIG J E. Publics：Audiences and market segments：segmentation principles for campaigns［M］//SALMON C T. Information campaigns：balancing social values and social change. Sage：Newbury Park，1989：199-228.

② GRUNIG J E，KIM，J N. Publics approaches to health and risk message design and processing［J］. Oxford Research Encyclopedia of Communication，2017（6）：1-36.

③ KIM J N，NI L，SHA B L. Breaking down the stakeholder environment：Explicating approaches to the segmentation of publics for public relations research［J］. Journalism & Mass Communication Quarterly，2008，85：751-768.

④ GRUNIG J E，Kim J N. Publics approaches to health and risk message design and processing［J］. Oxford Research Encyclopedia of Communication，2017（6）：1-36.

⑤ SLATER M D. Persuasion processes across receiver goals and messages genres［J］. Communication Theory，1997，7：125-148.

公众细分还被应用于健康和政治领域，公众细分被认为是一种能够解决不同种族、民族或性别之间健康不平等的有效的同时政治上合法的方法。

（一）历史沿革

要理清公众细分相关研究的发展历程就要先明确几个概念。

1927 年，杜威将公众这一概念引入舆论的研究中①，杜威认为，公众是在某一特定问题上具有相似价值观或相似兴趣的子群体或亚群体，在他看来，公众的意见主要是由这些子群体或亚群体的活动形成的。而细分这一术语是在约 30 年后由史密斯提出的。② 1956 年，史密斯在市场营销领域引入市场细分（Marketing Segmentation）策略，为了给具有相似消费需求和消费偏好的消费者亚群体开发产品，史密斯基于人口统计结果和公众产品需求调研将普通大众划分为相对同质、相互排斥的子群体。从概念的起源来看，公众和细分这两个概念密不可分，二者都是立足于具有不同需求或意愿的子群体或亚群体，这些子群体和亚群体的特点是群体内部相对同质，而每个子群体或亚群体之间又是相对排斥的，这一特点可以提高社会营销（Social Marketing）的有效性。社会营销这一概念，是 Kotler 和 Zaltman 于 1971 年在健康领域提出的③，社会营销是一种影响目标受众和整个社会以产生有益影响的行为，他们认为社会营销有希望成为一种实施渐进式社会变革的可复制的框架加以推广，而细分在社会营销（Social Marketing）中起着核心作用，这一说法在之后的实践中得到了验证。Seth M. Noar 等人验证了以细分为核心的社会营销的有效性，他们的研究表明，与发布未经定制的信息相比，传播针对细分的人群进行定制的信息可以实现更大程度的公众行为的改变。④

---

① DEWEY J. The public and its problems. [M] Pennsylvania：Penn State University Press，1927：183-190.

② SMITH W R. Product differentiation and market segmentation as alternative marketing strategies [J]. Classics in marketing，1956，2：433-439.

③ KOTLER P，ZALTMAN G. Social marketing：an approach to planned social change [J]. J Mark，1971，35：3-12.

④ Noar S M，Benac C N，Harris M S. Does tailoring matter：meta-analytic review of print health behavior change interventions [J]. Psychol Bull，2007，133（4）：673-693.

明确了公众、细分以及社会营销这三个基本的概念后，可以针对公众细分在科学和健康议题下的应用做如下归纳：

21 世纪初，Hornik 和 Ramiraz 指出美国不同的种族、民族和性别之间存在着健康不平等的现象①，研究者试图通过改变传播活动的结构来解决更深层次的社会问题，于是他们将种族细分策略应用到传播当中，并且认为这是一种解决差异和尊重不同种族群体之间可能存在的差异的一个途径。

由耶鲁大学 Maibach 等人领导的气候变化传播项目是运行时间最长、最著名的公众细分项目之一。②在 2008 年最初的公众细分研究中，研究人员列举出了 36 个评估对气候变化信念、对气候变化议题对话题参与度、政策偏好和公众行为等的变量，并收集了 2164 名美国居民的数据作为全国代表性样本，研究人员根据这 36 个变量对 2164 个全国代表性样本进行了公众细分，得出了六个细分人群，统称为 Six Americans，这六个细分群体从高到低量化了人们对气候变化这一议题的关注度、问题参与度和对全球变暖发生的确定程度：警惕（Informed）、关注（Experienced）、谨慎（Undecided）、脱离（Unconcerned）、怀疑（Indifferent）和不屑一顾（Disen-gaged）。这一研究并没有在 2011 年结束，研究人员也在持续监测每个细分群体中的人群比例如何随时间变化。

公众细分的应用越来越广泛，在健康领域，2019 年，Elizabeth 等将公众细分作为一种用于增加患者参与研究中心临床试验的动力的策略。③ 研究人员首先对患者进行公众细分，而后根据公众细分的结果对沟通策略进行定制以提高公众对临床研究的理解和行为支持。

Jedidiah Carlson 和 Kelley Harris 的研究围绕科学研究的公共话语改进和

① HORNIK R C, RAMIRZE A S. Racial/ethnic disparities and segmentation in communication campaigns [J]. American Behavioral Scientist, 2006, 49: 868-884.
② MAIBACH E W, LEISEROWITZ A, ROSER-RENOUF C, et al. Identifying Like-Minded Audiences for Global Warming Public Engagement Campaigns: An Audience Segmentation Analysis and Tool Development [J]. PLoS ONE, 2011, 6: 17571-17589.
③ ELIZABETH F G. Audience segmentation as a strategy for enhancing the use of research registries for recruiting patients into clinical trials [J]. Contemporary Clinical Trials Communications, 2019, 17: 105-128.

语境化提供了独特的角度。① 推特和其他社交媒体平台经常有促进大众参与科学论文的活动，因此，一篇科学论文的社交媒体受众的人口统计结果可以提供大量关于学术研究如何被在线社交媒体传播、消费和解释的信息。学者们可以通过关注公众对其出版物的看法了解到他们的研究是否对学术的传播和公众思想的进步产生了积极的效果，除此以外，学者们还可以关注到那些有意或无意地曲解其学术成果的模式，并改变他们的传播策略以减轻这些影响。在这项研究中，研究者收集了大量推特帖子，引用了 1800 篇高度推特化的 bioRxiv 预印本，并利用主题建模来推断推特上与每个预印本相关的各个细分群体的特征，此外研究者还从每个用户的关注者在其推特首页提供的关键词中了解这些受众群体的特征。在这一研究中，研究者对受众的细分不仅仅依赖于用户 160 词以内的推特简介，网络同质性（个人倾向于与具有相似特征的其他人进行社交活动）使得研究者们能够基于推特上与个人相关的账户的自我描述来识别个人推特用户的各种特征。

后疫情时代，Jennifer Ihm 和 Chul-Joo Lee 的研究提出了一种在新冠肺炎大流行背景下基于公共卫生干预的社会和媒体资源的公众细分策略。② 研究列举了一些在新冠肺炎大流行期间可能会造成个体健康差异的因素，指出社交距离管控下，社会和媒体资源对个人健康影响的重要性。

（二）理论基础

公众细分有着广泛的理论基础，包括社会心理学、行为学、类型学以及多元分类学等，Donald W. Hine 等人认为理论的作用并不仅限于帮助研究人员选择细分分析的变量，理论还可以作为一个框架来理解如何通过公众细分

---

① CARLSON J, HARRIS K. Quantifying and contextualizing the impact of bioRxiv preprints through automated social media audience segmentation [J]. PLoS Biol, 2020, 18: 830-860.
② IHM J, LEE C. Toward More Effective Public Health Interventions during the COVID-19 Pandemic: Suggesting Audience Segmentation Based on Social and Media Resources [J]. Health Communication, 2021, 36: 98-108.

来构思和潜在影响整个社会变革过程。①

从心理学基础来看，详尽可能性模型（Elaboration Likelihood Model）表明个体会以两种方式处理信息：中间路线（central route processing）和边缘路线（peripheral processing）②。中间路线也是将信息高度细化的路线，中间路线处理信息的方式是仔细审查一条信息，以评估这一信息包含的论点的优点，如果信息中的论点被评估为可信的、有说服力的并且拥有良好结构的，信息就会被个体接受，从而导致个体的态度和行为的变化，且这一变化是强烈而持久的。相比之下，边缘路线是将信息低精细化处理的路线，这一信息处理方式更依赖于信息的表面特征，比如信息传递者对公众的吸引力或其他显著的特征，而很少关注信息本身的实质性内容。相对于中间路线信息处理，通过边缘路线处理信息导致只能对个人形成微弱的、短期的态度和行为的改变。那么如何决定信息是被中间路线处理还是边缘路线处理呢，决定信息处理方式的两个关键因素是能力和动机。鉴于中间路线信息处理需要个体付出大量的精力，个体必须有足够的意识认知能力，并被激励到分配部分或全部的能力来处理信息。而量身定制的信息可以发挥重要的激励作用，因为量身定制的信息旨在最大限度地提高个体相关性，并且这样的信息以个体最有可能与信息传递者预期目标产生共鸣的方式构建。

除详尽可能性模型外，动机拥挤理论也是公众细分应用的理论基础。

动机拥挤理论指出，在气候变化议题下，经济激励和法律法规等外部干预手段可能会降低个人采取行动的内在激励因素的作用，例如，政策强制公众不使用一次性餐具的外部干预可能会降低个体出于环保信念而主动自带餐具的内在激励作用，因为个人与其他人一起确定特定环境保护行动的责任违反了"互惠准则"，"互惠原则"即人们不会假设其他人会采取积极的行动，

---

① HINE D W, RESER J P, PHILLIPS W J, et al. Identifying climate change interpretive communities in a large Australian sample［J］. Journal of Environmental Psychology, 2013, 36: 229-239.

② PETTY R E, CACIOPPO J T. Attitudes and Persuasion: Classic and Contemporary Approaches［M］. William C. Brown: Dubuque, IA, 1981: 231-245.

因此个体也没有采取积极行动的动机——就像搭便车效应一样。根据动机拥挤理论，信息传递者可以通过鼓励受众的内在动机去采取行动，例如，信息传递者可以通过沟通、社会互动参与的方式，而不是采取指挥控制的方式来干预公众来节约能源或保护环境。Frey 指出，提高内部激励的作用有三个重要因素①，第一个是强调个体和社会变革的关系，以及认可个体行为对社会变革的重要作用。第二个是沟通，Frey 等陈述了相互沟通对于学习和承认责任的重要性。最后一个是个体参与决策，参与到决策过程的个体越多，这些个体就越有可能将这一决策作为自己的决策去执行。在上文提到的 Elizabeth 等的研究中，研究者将公众细分作为一种用于增加患者参与研究中心临床试验的动力的策略。研究者根据公众细分的结果对沟通策略进行定制以提高公众对临床研究的理解支持。这一研究的理论基础包括社会心理学、公共卫生学和传播学方面，这些理论表明积极的内在价值系统和健康干预信息对改变参与者行为有重大意义，而用来衡量内在价值体系的变量，包括感知的社会价值、利益、障碍、自我效能、知识和信任。这一价值体系同样可以运用到应对气候变化的公众传播当中去。

行为学也为公众细分的变量选择提供了一定的理论基础。美国国家研究委员会（National Research Council）在行为科学领域已经产出了关于行为及行为变化决定因素的诸多理论，其中包括许多与气候变化大众传播直接相关的重要科研成果。Donald W. Hine 的研究表明过往的一些公众细分项目并没有其变量选择的理论基础②，研究者们应该将一些概念和原则更好地整合到细分和信息定制研究中去，例如"信息赤字（information deficit）"理论。信息赤字理论认为，当人们的行为与个体自身利益或社会最大利益相悖时——正如公共卫生专业人员和环境科学家所判断的那样——研究者们倾向于认为这一行为的原因一定是人们缺乏相关知识（即信息不足），在这种情

① FREY B S, STUTZER A. Environmental morale and motivation ［J］. Working Paper 2006, 288: 87-99.
② HINE D W, RESER J P, PHILLIPS W J, et al. Identifying climate change interpretive communities in a large Australian sample ［J］. Journal of Environmental Psychology, 2013, 36: 229-239.

况下要改变人们的行为就必须向人们提供他们所缺乏的知识来说服人们改变自身的行为。除此之外还有人口行为生态学的观点——人与空间框架（"people and place" framework）。影响人口行为的个体相关因素被归纳成三个层次：个人层面的因素（如个体的信念和技能）、社会网络层面的因素（如社会行为建模和社会外部强化）以及群体、社群或人口层面的因素（如社会规范和集体效能），在这一框架下，我们能明显看出传播和社会营销作为影响人口健康和环境结果的手段的潜力，具体来说，大多数基于某一地区的人口行为驱动因素可能会通过传播或社会营销受到影响。

类型学也为公众细分提供了方法论层面的理论基础。从方法论的角度来看，通常进行的细分是一个创建类型的过程。构造类型是将现象的多样性和复杂性降低到总体一致水平的一种手段，识别和简化是类型学显而易见的功能。① 细分类型学提供了一个用于获取关于受众持有的信念、实施的行为以及面临的约束的这三点的描述性信息的基础，这一基础有利于信息传递者开发适当的信息设计方法和沟通策略来影响受众的态度和行为。情境理论就是一个基于类型学理论的用于公众细分的理论②，在这一理论中，有三个变量——问题识别、问题参与和约束识别——已经被证明可以预测个体的信息寻求行为和对个体关于给定议题的信息的关注行为，这些个体行为被二分和矩阵化以创建八个分段的类别，然后被折叠为四个模态的细分类别。这种策略的优势在于，它提供了一种理论上合理的类型学，这一策略既可以理解个体与信息相关的行为，也可以理解以个体行为为中心的发展过程（如舆论的形成）。1989 年，Grunig 又提出了一个嵌套结构模型，这种嵌套的层次结构有效地突出了相对更一般的细分策略聚焦于更具体的策略的优势，即随着信息专门化和个体化程度的提升，信息的细节越来越多，向观众传达信息的能

① MCKINNEY J C. Constructive typology and social theory ［M］. New York：Appleton, Century, Crofts. 1966：219-230.
② GRUNIG J. Communication behaviors and the attitudes of environmental publics：Two studies ［J］. Journalism Monographs, 1983, 81：135-157.

力也越来越强。①

多元分类学也为公众细分提供了理论基础。Slater 认为公众细分从根本上说是一个为决定目标行为的变量（以及这些变量的值）寻找系统模式的问题。② 公众细分和生物分类学都是多元分类中的议题，生物分类学的最新方法和发展也为公众细分提供了一些有用的见解和方法模型。Slater 和 Flora 强调，与传统的因素分析一致，多元分类是一种用于压缩复杂数据并使其可解释且有意义的工具，并且也可以使用技术来评估其可靠性及有效性。③ 另外，针对受众群体的独立性，Donald W. Hine 等人总结了两种不同的理论，一种理论认为，个体之间存在价值观、信仰、偏好以及行为的差异，这些差异被研究人员通过公众细分的策略进行捕捉、分割和类聚。另一种批判社会学观点认为，细分群体是与研究人员所采用的理论和方法深度联系的不可分割的结构，由于细分群体可能随着被针对性定制的信息传播的影响而改变甚至消失，细分群体也被认为是研究过程的副产品。④

（三）细分方法

这一部分我们将讨论在以往的公众细分研究中，细分的方法选择问题，我们以气候变化议题为例，主要包括如下六个层面。

1. 变量的选择

首先，细分变量的选择应该由具体项目目标决定。在以往研究中，我们注意到诸多细分研究中使用的结构和测量方法有相当大的多样性。尽管这可能会使跨研究的对比具有挑战性，但理论和方法的多样性是一种优势，而不

① GRUNIG J. Publics, audiences, and market segments: Segmentation principles for campaigns [M] // Salmon C. Balancing social values and social change. London: SAGE Publications, 1989, 23: 199-228.

② SLATER M D. Theory and method in health audience segmentation [J]. Journal of Health Communication, 1996, 12: 267-284.

③ SLATER M D, FLORA J A. Health lifestyles: Audience segmentation analysis for public health interventions [J]. Health Education Quarterly, 1991, 18: 221-223.

④ HINE D W, RESER J P, PHILLIPS W J, et al. Identifying climate change interpretive communities in a large Australian sample [J]. Journal of Environmental Psychology, 2013, 36: 229-239.

是一种负担。非常重要的一点是不同的气候变化传播策略有不同的目标，而细分变量应与之匹配。Moser 的研究表明，气候变化传播项目应该有明确的目标来指导传播内容和传播渠道的选择。这一结论也适用于细分和信息定制研究。①

例如，如果项目目标是教育公众，气候变化知识就应该包括在一套变量中，以确定每一个细分分段的知识差距，以及出现这些差距的具体受众群体。如果项目目标是促进公众行为改变，细分的变量应该集中在与期望行为相关的关键驱动因素和障碍上。当然还有一些其他的以改变受众文化价值观和世界观为目标的项目，在这些项目中，了解这些价值观和世界观在目标受众中的当前分布是至关重要的。

我们注意到，上文提到的耶鲁小组研究员们提供了他们的 Six Americans 变量，并开发了一个判别函数工具，其他研究人员可以使用该工具根据新受访者对细分项目的反应将其分类到六个细分结构中。但细分分析所选择的变量还是应该由具体项目的目标和当地环境特质决定。

其次，变量的选择应该有理论基础。我们发现，过去的很多公众细分研究的变量选择都缺乏一定的理论基础，而 Darnton 确定了 60 多种与理解个体行为和个体行为变化相关的社会心理学理论和模型。就如上文在理论基础部分提到的，理论的作用不仅在于提供公众细分的变量选择，同时还可以解释公众细分和信息定制化传播是如何影响公众行为的。

最后，应该在综合考量下选择使用单一指标或综合指标。以往的研究表明，单项和综合测量都可以适用于气候变化公众细分分析，对于简单的具体的结构，单项测量通常更容易解释，预测的有效性几乎没有损失，然而我们观察到许多采用单项测量的气候变化细分研究很少提供信息来证明这些项目的可靠性和有效性，因此，这些项目在心理计量学上的健全程度是不确定的，并且对最终的细分解决方案的影响是未知的。对于更复杂的结构，多项目组合在内容和标准有效性方面提供了明显的心理测量优势，同时也减少了

---

① MOSER S C. Communicating climate change: history, challenges, process and future directions [J]. WIREs Climate Change, 2010, 1: 31-53.

测量的误差。

2. 抽样策略

在过去的研究中，超过半数的公众细分研究使用了大型国家样本的概率抽样策略（probability sampling），而少数研究使用了非概率面板（nonprobability panels），有研究结果表明，与使用更传统的方法（如使用概率抽样的电话调查）收集的数据相比，非概率在线抽样的研究结果存在着巨大差异。那么这两种抽样策略该如何选择呢，Donald W. Hine 认为，概率面板更准确，但实施成本高，非概率面板在以下条件下是可以使用的：从广义上确定一个社区内的主要气候变化受众，而不是过度关注每个部分的受访者与人口的比例；可以充分解决一个细分研究目标；经费有限的情况下。①

3. 横截面与纵向设计

聚焦于单一时间点的横向研究和关注时间维度上受众的变化这两种研究方式各有优缺点。

迄今为止，大多数气候变化细分研究都采用了横截面数据，这些研究呈现了单一时间点公众对气候变化的价值观、信仰、行为和政策偏好。Hine 和 Morrison 的研究试图跟踪这些变量随时间的变化。② 而 Leiserowitz 等人的研究展示了美国公众在其每个气候变化细分分区中的百分比是如何随着时间的推移而变化的，这些变化也呈现了公众对政策的响应和行动，他们发现，警觉和担忧的公众比例从 2008 年的 51% 大幅下降至 2010 年的 39%，随后一直保持相对稳定，直至 2012 年，不屑一顾和怀疑的公众比例从 18% 增加到 29%，但随后又在 2012 年下降到 25%。③ 横向研究提供了单一时间点某个群体关于

---

① HINE D W, RESER J P, PHILLIPS W J, et al. Identifying climate change interpretive communities in a large Australian sample [J]. Journal of Environmental Psychology, 2013, 36: 229-239.

② MORRISON M, DUNCAN R, SHERLEY C, et al. A comparison of the attitudes toward climate change in Australian and the United States [J]. Australas J Environ Manage, 2013, 20: 87-100.

③ MAIBACH E W, LEISEROWITZ A, ROSER-RENOUF C, et al. Dentifying Like-Minded Audiences for Global Warming Public Engagement Campaigns: An Audience Segmentation Analysis and Tool Development [J]. PLoS ONE, 2011, 6 (3): 17571-17596.

气候变化价值观、信仰、行为和政策偏好的概况；纵向研究则关注这些指标随时间变化的情况。

但纵向也有其限制，例如在著名研究——six americas 中，研究假设公众成员可能在不同的细分群体之间转移，但研究者们在原始报告中确定的六个细分分段将保持稳定，这一假设也是迈巴赫等人开发的判别函数工具的核心。

但我们认为，随着时间的推移和个体对气候变化的信念和行为的演变，公众不仅可能从一个部门转移到另一个部门，公众细分分段的结构也可能发生变化，现有的细分分段有可能合并或消失，新的分段有可能出现。

例如，Heberlein 提供了几个引人注目的群体效应的例子，随着人口老龄化和对变革性事件（如战争或自然灾害）的反应，一些公众对环境变化和环境保护的旧的观念基本上消失了。① 这也是未来研究需要完善的方向——为了确定这种公众及公众细分分段的变化在多大程度上是响应气候变化和其他社会政策的发展而发生的，研究人员必须采取一种更优的方法，这种方法不仅需要跟踪不同群体之间的人口转移，而且需要对新的细分分区的出现有一定敏感性。

4. 细分分层策略

Donald 认为，公众细分的目标是最小化组内差异，最大化组间差异。② 细分分层的过程有两大类，分别是层次式和非层次式。层次式细分过程通常基于对谱系图的研究，或者基于对不同解决方案的实际效用的主观评估，对数据进行连续的融合和分割，直到找到一个可接受的方案。而非层次式细分过程中细分分段的数量是由研究人员预先指定的，再根据算法将受众分配到

① HEBERLEIN T A. Navigating Environmental Attitudes [M]. Oxford: Oxford University Press, 2012: 83-85.
② HINE D W, RESER J P, PHILLIPS W J, et al. Identifying climate change interpretive communities in a large Australian sample [J]. Journal of Environmental Psychology, 2013, 36: 229-239.

各个分段中。有研究采用了将分层和非分层方法结合起来的两阶段聚类分析。① Ashworth 和 Waitt 则使用了 Q 方法（Q 排序和 Q 因子分析的结合)②③，这是一种涉及基于个体而不是项目的创建细分分段的方法，这种细分分层策略结合了定性和定量方法的优点，但这一方法被广泛应用前还需要更多的实证分析来验证。

5. 命名和解释细分方案

对人群进行细分之后如何对每一个细分分段进行命名和解释至关重要。对于研究人员来说，清楚地传达他们的研究策略的主要目标和相关限制是很重要的。如果要识别并有效接触不同的受众，研究人员应该清楚地解释如何使用细分来识别不同细分分段人群的共享价值观、信仰和行为，同时告诫媒体不要使用这种方法来推断特定气候变化信仰在人群中的分布，因为尽管不同层次的分析和测量策略导致的不一致是社会科学研究的常态，但要承认，这种不一致可能会造成混乱，并破坏媒体和公众眼中细分研究的可信度。例如，在基本的 2008 年的 Six Americas 的样本中，只有 14% 的人表示他们对全球变暖的发生持怀疑或合理的不确定态度，95% 的受访者似乎接受某种程度的全球变暖的人类因果关系。然而，不屑一顾者（7%）、怀疑者（11%）和脱离者（12%）的比例合计占全国样本的 30%。一些读者可能很容易从阅读这一研究的报告中得到不准确的印象，即真正的气候变化怀疑论者的比例明显高于个别调查项目的回答所显示的比例。

6. 定制针对性的气候变化信息

气候变化议题下的受众细分的一个重要目标是提供可用于为特定细分人群定制的信息。从传播的角度来看，信息的设计需要理解细分人群的价值

---

① MORRISON M, DUNCAN R, SHERLEY C, et al. A comparison of the attitudes toward climate change in Australian and the United States [J]. Australas J Environ Manage, 2013, 20: 87-100.

② ASHWORTH P, GARDER J, SHAW H, et al. Communication and climate change: what the Australian public thinks [R]. Pullenvale: CSIRO, 2011.

③ WAITT G, CAPUTI P, GIBSON C, et al. Sustainable household capability: which households are doing the work of environmental sustainability [J]. Aust Geogr, 2012, 5: 51-74.

观、信念和行为，因为这些特性提供了两个重要信息，分别是不同细分人群对不同信息类型有可能做出的响应方式，以及这些人群可以通过哪些传播渠道被有效地触及。了解到这些后，信息传递者将能够更好地开发更有可能实现预期目标的通信框架和信息内容。但迄今为止，几乎所有的气候变化细分研究都没有达到这一重要目标。尽管许多研究明确指出了受众细分在开发定制有针对性的信息内容方面的高度相关性，但只有相对较少的研究提出了关于信息内容的具体建议。①②③④。

总之，由于普通公众对气候变化这一议题的兴趣差异很大，这对气候变化的传播者提出了重大挑战。为了解决这个问题，研究者们对公众细分这一方法越来越感兴趣，并且公众细分已经有效地应用于营销、政治和健康传播等其他领域。

尽管在气候变化方面的应用仍处于起步阶段，但我们对文献的回顾表明，细分作为一种传播策略具有相当大的前景。我们注意到，受众细分和信息定位在社会心理学和应用心理学中有着坚实的理论基础。尽管人们对导致社区两极分化加剧的细分表示担忧，但我们认为，细分并不是一种以分裂群体为目的的方法，原则上可以用来弱化两极分化，并可以为旨在改变受众价值观和行为的深层沟通策略提供基础。此外，我们注意到，尽管受众细分可以被视为有效的方法，但其效果与研究人员对细分理论和细分方法的选择密不可分。

① MAIBACH E W, LEISEROWITZ A, ROSER-RENOUF C, et al. Identifying Like-Minded Audiences for Global Warming Public Engagement Campaigns: An Audience Segmentation Analysis and Tool Development [J]. PLoS ONE, 2011, 6: 17571-17589.

② BAIN P G, HORNSEY M J, BONGIORNO R, et al. Promoting pro-environmental action in climate change deniers [J]. Nat Clim Change 2012 advance online publication. 2012, 6: 368-398.

③ Department for Environment Food and Rural Affairs (DEFRA) [EB/OL]. A framework for pro-environmental behaviours, 2013-08-28.

④ HINE D W, RESER J P, PHILLIPS W J, et al. Identifying climate change interpretive communities in a large Australian sample [J]. Journal of Environmental Psychology, 2013, 36: 229-239.

二、情境理论下的公众细分总和法

随着新媒体的发展，科技争议不断进入公众视野。在涉及包括转基因、地震预报以及食品安全等争议性问题时，甚至在包括疫苗接种、流感疫情防控、气候变化等原本没有科技争议的议题上，反对科学主流观点和无视科学证据的声音都得到了广泛传播。

在种种科技争议中，公众的忧虑对公共卫生组织和科普组织形成了巨大的压力。如何识别出争议性科技健康议题中的积极公众（active publics）就至为关键，这些积极公众在议题的传播中表现更为活跃，是公共舆论形成的主要塑造者。① 公共关系学者们指出对公众进行细分是各种组织实施自身战略时的第一步。② 在健康、科技议题中细分出积极公众而非所有的人群，可以增加对目标公众进行传播的到达率和效率。③ 然而我国还鲜有针对公共卫生组织和科普组织如何与关键人群进行沟通并制定传播策略的研究。

格鲁尼格（Grunig）从杜威的公众定义出发提出了公众情境理论（situational theory of publics），该理论为定义和识别公众提供了理论框架。解决问题的情境理论是在其基础之上进行扩展，把一般人群进行了分组，运用总和法（summation method I）提供了理论框架。④ 公众情境理论把人看作理性人来做决策，而解决问题的情境理论将这种决策过程的关注转移到了对问题解

---

① GRUNIG J E. Publics：Audiences and market segments：segmentation principles for campaigns［M］//SALMON CT. Information campaigns：balancing social values and social change. Sage：Newbury Park，1989：199-228.

② GRUNIG J E，REPPER F C. Strategic management，publics，and issues［M］//GRUNIG J E. Excellence in public relations and communication management. Hillsdale，NJ：Lawrence Erlbaum Associates，1992：117-157

③ GRUNIG J E，KIM J. Publics approaches to health and risk message design and processing ［M］// Oxford Research Encyclopedia of Communication. Oxford：Oxford University Press，2017：1-36.

④ KIM J. Public segmentation using situational theory of problem solving：Illustrating summation method and testing segmented public profiles［J］. PRism. 2011，8：89-103.

决过程的关注。① 公众情境理论确定了信息获取（information acquisition）为应变量，而解决问题的情境理论进一步解释了公众的传播行为，在信息获取的行为基础上又提出了信息选择（information selection）和信息传递（information transmission）这两类新的应变量，并且将这三类行为细分为信息搜寻（information seeking）、信息参加（information attending）、信息防护（information forefending）、信息允许（information permitting）、信息转发（information forwarding）、信息分享（information sharing）共六种。

这六种行为代表着信息获取、选择和扩散中不同程度的主动性。更具体地说，信息允许、分享和参加这三种行为是传播行为中的反应性的行为，相对来说更为随机、非系统性且非计划性的。比如信息参加是指随机地遇见某些信息，没有计划的发现②，信息分享是指非计划性地在别人提出需求后提供信息，信息允许是更低层面的信息选择，允许某些被认定和某确定议题相关的信息的行为。而信息搜寻、防护和转发则是更深层次地主动参与。信息搜寻是指为了解决问题去搜索查找信息的行为，信息转发是指为了解决问题哪怕在没人请求的情况下也愿意提供或转发信息给别人的可能性，信息防护是指为了解决问题而通过权衡信息的相关性和效用以避开某些信息的可能性③。

他们的论断建立在这样的假设基础之上，即一个人越想解决问题，那么这个人的交往行为越会增加。也就是说，这个前提是人们通过交流和沟通信息去解决人生中的各种问题。

在公众细分中主要运用三个情境变量，分别为问题认知（problem recog-

① GRUNIG J E. A situational theory of publics：Conceptual history，recent challenges and new research ［M］// D. MOSS D，MACMANUS T，et al. Public relations research：An international perspective. London：International Thomson Business Press，1997：38~68.
② CLARKE P，KLINE F G. Mass media effects reconsidered：Some new strategies for communication research ［J］. Communication Research，1974，1（2）：224-270.
③ NI L，KIM J. Classifying Publics：Communication Behaviors and Problem-Solving Characteristics in Controversial Issues ［J］. International Journal of Strategic Communication，2009，3（4）：217 - 241

nition)、卷入认知（involvement recognition）和受限认知（constraint recogni-tion），问题认知是指当人们意识到某些事情缺失而形成一个问题，且未能立即解决的一种感知。格鲁尼格指出人们感知到问题并无法快速找到解决方案时会进入问题情境中。① 卷入度是指人们感知到自己与某一问题情境的关联程度，它被广泛运用于社会科学的研究中②，比如在详尽可能性模型中卷入度被用来解释个体对信息感知的不同程度。受限认知是指人们意识到某一问题情境中的束缚，这种束缚限制了人们解决问题的能力，即人们感知自己在解决问题时所面临外界限制的大小。③ 与问题认知和卷入认知不同的是，受限认知对问题情境中的传播行为产生负面的影响。

杜威依据这三种情境变量定义公众，把面对同一问题的普遍人群划分为四种公众，分别是积极公众、知晓公众（aware public）、潜在公众（latent public）、和非公众（nonpublic）。④ 格鲁尼格和亨特对四种公众的解释是，非公众即是从问题认知、卷入认知和受限认知三种情境来看都未识别到问题的人们，潜在公众是面对问题但是未能发现问题的人们，一旦他们认识到问题就变成了知晓公众，而积极公众在面对问题时能感知到问题的重要性并且为了这个问题可以组织去做些事情的人们。情境理论认为积极公众更有可能在问题情境中选择并转发信息，尤其是在危机事件中，积极公众是最关键的

---

① GRUNIG J E. Publics：Audiences and market segments：segmentation principles for campaigns［M］//SALMON C T. Information campaigns：balancing social values and social change. Sage：Newbury Park，1989：199-228.

② SLATER M D. Persuasion processes across receiver goals and messages genres［J］. Communication Theory，1997，7（2）：125-148.

③ GRUNIG J E. A situational theory of publics：Conceptual history，recent challenges and new research［M］// MOSS D，MACMANUS T，et al. Public relations research：An international perspective. London，England：International Thomson Business Press，1997：386-398.

④ GRUNIG J E. A situational theory of publics：Conceptual history，recent challenges and new research［M］// MOSS D，MACMANUS T，et al. Public relations research：An international perspective. London，England：International Thomson Business Press，1997：267-298.

公众群体，需要有针对性的传播策略。① 在科学健康类议题中，识别出不同的公众群体有助于制定更有效率的传播策略，对积极公众进行沟通相较于最广大人群而言可以节约沟通成本并更可能建立积极的互动关系。

解决问题的情境理论就是在这四种人群的基础之上进行了可操作化的分解，增加了细分人群的多重变量，并且提供了基于情境变量的总和法作为这套理论的操作方法。

三、公众细分的应用

这里将引入一个对科技争议的研究，运用公众细分的方法，运用情境理论的总和法对科技健康议题中的公众进行划分，首先将其划分为四类公众，并找出积极公众及其特征，包括性别、年龄、教育程度和地域分布等人口统计学特征。

（一）争议性科技健康议题

科技议题受到争议往往和健康相关，人们感知到健康受到威胁时就容易形成质疑和反对。比如转基因食品因其对人体健康的不确定性而在全球范围内广受争议，它是科技争议议题中最具代表性的议题之一。② 食品添加剂的使用问题是随着人为滥用食品添加剂所引发的，已成为公众最担心的食品安全风险。③ 雾霾问题不仅仅是个环境议题，由于其关乎着人们的健康与生存也成了公众最为关注的科普热点。④ 下面将选择转基因食品、食品添加剂和雾霾议题来进行研究，以期对争议性科技健康类议题做总体的勾勒，同时这三个议题分别在科技、食品和环境方面各有侧重，通过比较三个议题可以知

---

① KIM E, HOU J, HAN J, et al. Predicting retweeting behavior on breast cancer social networks：Network and content characteristics［J］. Journal of Health Communication，2016，21（4）：1-8.

② 脣琳佳，刘佳莹. 社会文化因素对我国公众关于转基因技术与食品添加剂的态度的影响［J］. 自然辩证法研究，2018（10）：49-55.

③ 欧阳海燕. 近七成受访者对食品没有安全感——2010—2011 消费者食品安全信心报告［J］. 小康，2011（1）：42-45.

④ 2015 年最受网民关注科普事件：雾霾及其成因［EB/OL］. 人民网，2015-11-19.

晓科技健康类议题中的公众是否具有某种共同特征。

转基因食品近年来成为全球范围内极具争议的议题，针对我国公众的最新一项调查显示41.4%的人反对转基因食品，中立的占46.7%，而支持者仅为11.9%。① 从全球范围来看，39%的美国公众认为转基因食品比不上其他食品②，同时59%的欧洲公众认为转基因食品对他们自己和家人是不安全的③。

对食品添加剂的争议是伴随着非法使用的热点事件而来，但是消费者对食品添加剂的认知率普遍较低，多数人对其改变并不清楚。④ 总体来看，在没有食品添加剂相关的食品安全事件爆发的影响下，公众对其的态度比较正面⑤，尤其是2017年，六部委联合发布《"正确认识食品添加剂"科学共识》，进一步规范了媒体报道有效区分食品添加剂的合法性，使得公众对食品添加剂的态度相比于转基因议题会更正面。

"雾霾"一词从2013年出现就持续受到关注。微博中公众以负面情绪为主⑥，情感偏向为"娱乐"与"暴戾"并存⑦。对环境信息越敏感、雾霾感知风险越大、对雾霾知识了解越多、雾霾感知可控性越大的公众会采取更多的防护与应对措施。⑧

根据前文的公众细分理论综述，我们提出如下研究问题：

RQ1：转基因食品、食品添加剂和雾霾议题中的公众分别是如何细

---

① CUI K, SHOEMAKER S P. Public perception of genetically-modified (GM) food: A Nation-wide Chinese Consumer Study [J]. npj Science of Food, 2018, 2 (10): 58-86.

② The new food fights: US public divides over food science [EB/OL]. Perishable News. com, 2016-01-09.

③ See Eurobarometer, Biotechnology report, 2010.

④ 曾智. 消费者对食品添加剂的风险感知研究 [J]. 社科纵横, 2017 (7): 37-59.

⑤ 胥琳佳, 刘佳莹. 社会文化因素对我国公众关于转基因技术与食品添加剂的态度的影响 [J]. 自然辩证法研究, 2018 (10): 49-55.

⑥ 何跃, 朱婷婷. 基于微博情感分析和社会网络分析的雾霾舆情研究 [J]. 情报科学, 2018 (7): 56-60.

⑦ 李明德, 张玥, 张琢悦, 等. 2014—2017年雾霾网络舆情现状特征及发展态势研究——以新浪微博的内容与数据为例 [J]. 情报杂志, 2018 (11): 43-47.

⑧ 徐戈, 冯项楠, 李宜威, 等. 雾霾感知风险与公众应对行为的实证分析 [J]. 管理科学学报, 2017 (9): 58-65.

分的？

RQ2：转基因食品、食品添加剂和雾霾议题中的积极公众在性别、年龄、教育程度和地域分布等人口统计学特征中呈现怎样的特点？

公众情境理论和解决问题的情境理论有个相同的前提即认为个体在问题情境中抱着去沟通的目的，这种传播行为在解决问题的情境理论中被专门定义为解决问题的传播行为（Communicative action in problem solving, CAPS）①，旨在解释个体的传播行为的积极程度，比如前文提到的信息获取、选择和传递里面都又被划分了积极的和消极的变量，其中信息搜寻、防护和转发都是更深层次的主动参与行为。

本研究为此将积极公众的传播行为作为在健康科学议题中的解决问题行为的结果来考量，在情境理论的框架之下预测这些积极公众的传播行为，这是本研究在找到积极公众后的第二步。

根据解决问题的情境理论，解决问题时拥有积极传播行为的个体往往具有较高的问题认知和卷入认知以及较低的受限认知。在积极的传播行为中，信息搜寻被认为是就一个议题有计划地查找搜寻信息，信息防护是指传播者通过判断某一问题解决的价值和相关性来选择提前避开相关信息的程度，而信息转发是指有计划的、自我驱动地把信息转给其他人。基于此，我们提出如下研究假设：

H1a：转基因食品议题中积极公众的问题认知、卷入认知和受限认知与信息搜寻呈显著正相关。

H1b：食品添加剂议题中积极公众的问题认知、卷入认知和受限认知与信息搜寻呈显著正相关。

H1c：雾霾议题中积极公众的问题认知、卷入认知和受限认知与信息搜寻呈显著正相关。

H2a：转基因食品议题中积极公众的问题认知、卷入认知和受限认知与信息防护呈显著正相关。

---

① KIM J N, GRUNIG J E. Problem solving and communicative action：A situational theory of problem solving [J]. Journal of Communication, 2011, 61 (1)：120-149.

H2b：食品添加剂议题中积极公众的问题认知、卷入认知和受限认知与信息防护呈显著正相关。

H2c：雾霾议题中积极公众的问题认知、卷入认知和受限认知与信息防护呈显著正相关。

H3a：转基因食品议题中积极公众的问题认知、卷入认知和受限认知与信息转发呈显著正相关。

H3b：食品添加剂议题中积极公众的问题认知、卷入认知和受限认知与信息转发呈显著正相关。

H3c：雾霾议题中积极公众的问题认知、卷入认知和受限认知与信息转发呈显著正相关。

传播行为和传播渠道的使用有关，所以进一步了解这些积极公众的媒介渠道选择有助于传播实践中制定有针对性的策略。已有研究通过媒介使用的变量去细分公众预测其健康行为，但是确切的媒介渠道选择和传播行为之间的关系尚处于未知，为此，我们提出如下研究问题：

RQ3：转基因食品、食品添加剂和雾霾议题中的积极的传播行为分别是如何受到媒介使用（网络、电视、广播和报纸）的影响的？

（二）研究方法

1. 样本收集

该研究的样本总体为全国网民，中国网民年龄分布情况为 20—29 岁为 29.7%，30—39 岁为 23.0%，40—49 岁为 14.1%，50—59 岁为 5.8%，60 岁以上为 4.8%。①

该研究通过问卷调查的形式，委托问卷星样本服务进行在线调查。调研时间从 2018 年 1 月 20 日至 2 月 5 日完成全部样本采集。由于该课题的考察内容较多，问卷长度因为怕引起答题者疲劳而拆分成两轮问卷分别作答。第一轮问卷在样本库中发送链接，样本库中共有 2511 人浏览问卷链接，2080

---

① 中国互联网络信息中心. 网民性别结构趋向均衡 20—29 岁年龄段的网民占比最高 [EB/OL]. 人民网，2017-08-04.

人作答，最终有效问卷 1843 份。在第一轮问卷启动的第二天第二轮问卷即启动，第二轮问卷针对完成第一轮的答题者发起邀请，有 1842 人浏览问卷链接，1447 人作答，最终有效问卷 1089 份。

为了减少两轮答题间隔中的其他干扰信息，我们尽可能地缩减了答题间隔，一方面确保答题者不在疲惫的状态下一次性完成所有的问题，另一方面在答题后一天起就发送第二轮链接保持了我们的问题的衔接性。为了保证答卷的有效性，问卷星公司在问卷页面中加入了陷阱问题，以及人工随机抽查答卷，研究团队最终对所有问卷随机抽查进行了复核。共两周的时间我们停止了所有问卷的作答，此时第二轮相对于第一轮的回收率为 69.6%，有效回收率为 59%，响应率较好。

第一轮问卷 1843 份的样本情况如表 2.1 所示。

表 2.1　1843 份样本分布情况

	N	%		N	%
性别			收入水平		
男性	872	47.3	少于 8000 元	226	12.3
女性	971	52.7	8000—16000	936	50.8
年龄			16000—50000 元	599	32.5
18 岁以下	9	0.5	多于 50000	82	4.4
18—29 岁	748	40.6	地域		
30—39 岁	752	40.8	东部	1238	67.2
40—49 岁	229	12.4	中部	290	15.7
50—59 岁	85	4.6	西部	216	11.7
60 岁以上	20	1.1	东北	99	5.4
教育程度			家庭成员		
研究生毕业或以上	148	8	1 人	43	2.3
研究生在读或肄业	33	1.8	2 人	172	9.3
大学本科	1390	75.4	3 人	1036	56.2
本科在读或肄业	117	6.3	4 人	339	18.4

续表

	N	%		N	%
高中毕业	110	6	5 人	187	10.1
高中在读或肄业	20	1.1	6 人以上	66	3.6
初中毕业	16	0.9	孩子数		
初中在读或肄业	4	0.2	无	618	33.5
小学毕业	5	0.3	1 个	1067	57.9
没上过学	0	0	2 个	146	7.9
			2 个以上	12	0.7

完成两轮问卷的 1089 份样本情况如表 2.2 所示。

表 2.2　1089 份样本分布情况表

	N	%		N	%
性别			教育程度		
男	543	49.9	研究生毕业或以上	86	7.9
女	546	50.1	研究生在读或肄业	13	1.2
年龄			大学本科	853	78.3
18—29 岁	395	36.3	本科在读或肄业	64	5.9
30—39 岁	470	43.2	高中毕业	59	5.4
40—49 岁	155	14.2	高中在读或肄业	7	0.6
50—59 岁	56	5.1	初中毕业	5	0.5
60 岁及以上	13	1.2	小学毕业	2	0.2
地域			家庭月收入		
东部	742	68.1	少于 8000 元	121	11.1
中部	170	15.6	8000—6000 元	559	51.3
西部	119	10.9	16000—50000 元	366	33.6
东北	57	5.2	多于 50000 元	43	3.9

2. 变量测量

情境变量和传播行为变量都参照已有研究的量表，被试均按五点量表回答，1=十分不认同，5=十分认同。

情境变量针对每个议题均由两道问题组成，问题认知（转基因食品：$M=3.86$，$SD=0.79$，$\alpha=0.67$；食品添加剂：$M=3.94$，$SD=0.78$，$\alpha=0.67$；雾霾：$M=4.48$，$SD=0.72$，$\alpha=0.64$）包括"我认为这是一个严重的社会问题"和"政府和相关部门应该采取行动对这个问题进行改善"。卷入认知（转基因食品：$M=4.08$，$SD=0.71$，$\alpha=0.71$；食品添加剂：$M=4.15$，$SD=0.66$，$\alpha=0.65$；雾霾：$M=4.35$，$SD=0.68$，$\alpha=0.73$）包括"我认为我与这个议题之间有紧密的关联"和"这个议题对我的生活以及我关心的人有重要影响"。受限认知（转基因食品：$M=3.53$，$SD=0.82$，$\alpha=0.67$；食品添加剂：$M=3.61$，$SD=0.82$，$\alpha=0.67$；雾霾：$M=3.88$，$SD=0.86$，$\alpha=0.70$）包括"我认为我的想法或观点对政府（或企业）中那些处理这个问题的人来说很重要"和"我认为有关部门在制定相关政策时会考虑到像我一样的人的观点"。

根据解决问题的情境理论，传播行为被划分为的三个维度（信息获取、信息选择、信息传递）中，三个积极传播行为分别为信息搜寻、信息防护和信息转发。信息搜寻（转基因食品：$M=3.81$，$SD=0.81$，$\alpha=0.80$；食品添加剂：$M=3.72$，$SD=0.84$，$\alpha=0.81$；雾霾：$M=4.00$，$SD=0.77$，$\alpha=0.78$）包括"我在网上搜索这个议题的相关信息""我在网上搜索过专家们是如何谈论这个议题的""我经常会搜索并阅读这个相关的新闻和信息"。信息防护（转基因食品：$M=3.15$，$SD=0.68$；食品添加剂：$M=3.29$，$SD=0.70$；雾霾：$M=3.46$，$SD=0.72$）包括"在这个议题上，我可以轻松地说出那些可信的信息""我知道谁对这个议题提供了错误的信息""在这个议题上，我会忽视那些我认为错误的信息"。信息转发（转基因食品：$M=3.69$，$SD=0.71$，$\alpha=0.70$；食品添加剂：$M=3.76$，$SD=0.72$，$\alpha=0.68$；雾霾：$M=3.88$，$SD=0.72$，$\alpha=0.68$）包括"如有可能，我会花时间向朋友或家庭成员解释这个问题""在这个议题上，我很享受对他人进行教育的机会""我会让那些我认识的人关注这个问题"。

关于媒介使用，我们同样使用五点法（1=不看，2=比一周1次还要少，

3＝一周3—5次，4＝每天一次，5＝每天3次以上）分别测量公众通过以下渠道获取转基因食品信息和雾霾信息的程度，包括报纸（转基因：$M=2.71$，$SD=1.13$；食品添加剂：$M=2.87$，$SD=1.16$；雾霾：$M=3.18$，$SD=1.17$）、电视新闻（转基因：$M=3.33$，$SD=1.02$；食品添加剂：$M=3.66$，$SD=0.91$；雾霾：$M=4.17$，$SD=0.88$）、广播（转基因：$M=2.52$，$SD=1.12$；食品添加剂：$M=2.52$，$SD=1.10$；雾霾：$M=2.94$，$SD=1.24$）、网页（转基因：$M=3.87$，$SD=0.94$；食品添加剂：$M=3.84$，$SD=0.94$；雾霾：$M=4.08$，$SD=0.87$）、社交媒体（转基因：$M=3.62$，$SD=1.02$；食品添加剂：$M=3.60$，$SD=1.02$；雾霾：$M=3.92$，$SD=0.94$）。

我们同时测量了性别、年龄、教育程度、收入水平、地域等人口统计学变量。其中，地域测量的是"目前的居住地"，这个测量分为两步进行，首先按照我国的省份、直辖市、特别行政区共34个地区进行问卷作答，没有采集到香港、澳门和台湾地区的数据，然后我们依据国家统计局的划分方法将地域划分为"东部地区""中部地区""西部地区"和"东北地区"进行编码。①

3. 分析方法

我们基于三个情境变量，运用总和法分别将转基因食品议题中的公众和雾霾议题中的公众细分为四类，即积极公众、知晓公众、潜在公众和非公众。首先对三个情境变量重新编码为0（＝低）和1（＝高），然后对三个变量进行加总，总分在0至3之间分布，其中3＝积极公众，2＝知晓公众，1＝潜在公众，0＝非公众。

通过以上步骤完成公众细分后，我们可以辨识出积极公众这个群体。积

---

① 我国1986年"七五"计划把全国经济带划分为东、中、西部三个区域。随着社会经济发展，根据《中共中央、国务院关于促进中部地区崛起的若干意见》《国务院发布关于西部大开发若干政策措施的实施意见》以及党的十六大报告的精神，国家统计局于2011年将我国的经济区域划分为东部、中部、西部和东北四大地区。东部包括：北京、天津、河北、上海、江苏、浙江、福建、山东、广东和海南。中部包括：山西、安徽、江西、河南、湖北和湖南。西部包括：内蒙古、广西、重庆、四川、贵州、云南、西藏、陕西、甘肃、青海、宁夏和新疆。东北包括：辽宁、吉林和黑龙江。

极公众有着较高的问题认知与卷入认知和较低的受限认知，对这类核心群体进行有针对性的传播策略相比于全体公众会更有效。

然后，我们会比较在转基因食品议题和雾霾议题中的积极公众群体的异同。分析其人群特征，并通过回归分析预期这些积极公众的传播行为。

四、积极公众的特征及传播行为

1. 公众细分

运用总和法，我们将转基因食品、食品添加剂和雾霾议题中的公众分别划分为四个类别（见表2.3）。在这1089个研究样本中，积极公众在转基因食品（50.8%）、食品添加剂（57.7%）和雾霾议题（72.5%）中的占比依次增多，可见公众对雾霾议题的关注和参与程度最高。但同时我们发现，这三个议题的积极公众都超过了一半，可见这些议题的热度都比较高。

表2.3　转基因食品、食品添加剂和雾霾议题中的四种公众

	转基因食品		食品添加剂		雾霾	
	n	%	n	%	n	%
非公众	41	3.8	33	3.0	25	2.3
潜在公众	143	13.1	109	10.0	44	4.0
知晓公众	352	32.3	319	29.3	231	21.2
积极公众	553	50.8	628	57.7	789	72.5

我们将决定公众积极程度的三个情境变量展开分析，如图2.1所示，问题认知、卷入认知和受限认知的平均数呈现差异，三类中依然按照转基因食品、食品添加剂和雾霾议题的顺序依次增加，可见公众在雾霾议题中相较于其他二者感受到了更多的问题，感知到了议题和自身的相关性更近，并且在处理问题中感受到的障碍最少。

2. 细分公众的特征

研究问题2希望回答积极公众的人口统计学特征，为此我们运用交叉分析方法来考察细分人群的特征，表2.4至表2.6依次展示了不同公众群体在

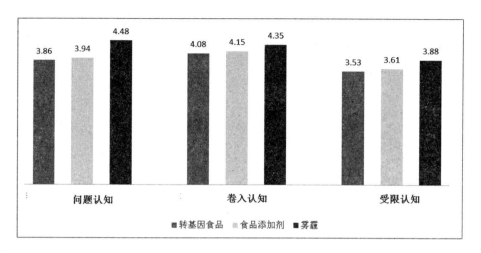

图 2.1　转基因食品、食品添加剂和雾霾议题中公众的情境变量平均数差异图

这些议题中的性别、年龄、教育程度和地域分布特征。

表 2.4 分析了具体公众类型的性别特征，可以看出三个议题中的积极公众中性别分布较为平均，女性略多于男性。知晓公众中转基因食品和雾霾议题的男性略多，而女性对食品添加剂议题的知晓程度更高。

表 2.4　三种议题中公众细分类型与性别的交叉分析表

	转基因食品		食品添加剂		雾霾	
	男性	女性	男性	女性	男性	女性
	n（%）	n（%）	n（%）	n（%）	n（%）	n（%）
非公众	18（43.9）	23（56.1）	17（51.5）	16（48.5）	13（52.0）	12（48.0）
潜在公众	69（48.3）	74（51.7）	63（57.8）	46（42.2）	28（63.6）	16（36.4）
知晓公众	182（51.7）	170（48.3）	150（47.0）	169（53.0）	117（50.6）	114（49.4）
积极公众	274（49.5）	279（50.5）	313（49.8）	315（50.2）	385（48.8）	404（51.2）
总计	543（49.9）	546（50.1）	543（49.9）	546（50.1）	543（49.9）	546（50.1）

在三个议题中，30—39 岁这个群体都是积极公众中占比最大的人群，而且均高于样本中这个年龄段的占比，说明中青年群体是我国关注并参与争议性科技健康议题的主要人群，其中这群人在转基因食品议题中的积极性最

高。其次是 18—29 岁年龄段的人群，而且他们在雾霾议题中的积极性最高。40—49 岁的人群对雾霾议题关注的比例略低于转基因食品和食品添加剂议题。由此说明，越年轻的群体越关注雾霾议题，中年群体对转基因食品和食品添加剂等食品安全的议题更为积极。

表 2.5　三种议题中公众细分类型与年龄的交叉分析表

	18—29 岁 n（%）	30—39 岁 n（%）	40—49 岁 n（%）	50—59 岁 n（%）	60 岁以上 n（%）
转基因食品					
非公众	16（39.0）	17（41.5）	7（17.1）	1（2.4）	0
潜在公众	70（49.0）	51（35.7）	13（9.1）	9（6.3）	0
知晓公众	140（39.8）	137（38.9）	55（15.6）	17（4.8）	3（0.9）
积极公众	169（30.6）	265（47.9）	80（14.5）	29（5.2）	10（1.8）
食品添加剂					
非公众	12（36.4）	14（42.4）	7（21.2）	0	0
潜在公众	41（37.6）	41（37.6）	18（16.5）	9（8.3）	0
知晓公众	129（40.4）	130（40.8）	46（14.4）	13（4.1）	1（0.3）
积极公众	213（33.9）	285（45.4）	84（13.4）	34（5.4）	12（1.9）
雾霾					
非公众	8（32.0）	8（32.0）	8（32.0）	1（4.0）	0
潜在公众	18（40.9）	20（45.5）	3（6.8）	3（6.8）	0
知晓公众	83（35.9）	94（40.7）	42（18.2）	11（4.8）	1（0.4）
积极公众	286（36.2）	348（44.1）	102（12.9）	41（5.2）	12（1.5）
总计	395（36.3）	470（43.2）	155（14.2）	56（5.1）	13（1.2）

从教育程度来看，大学及以上的高学历人群是积极公众的主要人群。高中及以下的人们在雾霾议题中更积极，而在转基因食品和食品添加剂议题中作为潜在公众和知晓公众的比例更大。大学学历的人群在转基因食品议题中相对更为积极，研究生及以上的人群对食品添加剂议题的积极程度相对更高。

表 2.6　三种议题中公众细分类型与教育程度的交叉分析表

	转基因食品			食品添加剂			雾霾		
	高中及以下 n（%）	大学 n（%）	研究生及以上 n（%）	高中及以下 n（%）	大学 n（%）	研究生及以上 n（%）	高中及以下 n（%）	大学 n（%）	研究生及以上 n（%）
非公众	6 (14.6)	33 (80.5)	2 (4.9)	6 (18.2)	25 (75.8)	2 (6.1)	6 (24.0)	19 (76.0)	0
潜在公众	11 (7.7)	118 (82.5)	14 (9.8)	10 (9.2)	90 (82.6)	9 (8.3)	4 (9.1)	38 (86.4)	2 (4.5)
知晓公众	25 (7.1)	292 (83.0)	35 (9.9)	23 (7.2)	271 (85.0)	25 (7.8)	17 (7.4)	190 (82.3)	24 (10.4)
积极公众	31 (5.6)	474 (85.7)	48 (8.7)	34 (5.4)	531 (84.6)	63 (10.0)	46 (5.8)	670 (84.9)	73 (9.3)
总计	73 (6.7)	917 (84.2)	99 (9.1)	73 (6.7)	917 (84.2)	99 (9.1)	73 (6.7)	917 (84.2)	99 (9.1)

从地域分布来看，东部地区的公众参与程度更高，对三个议题的关注程度分布很相近，总体上对雾霾问题的关注更高。西部地区的公众对转基因食品的积极程度相对较低，中部地区的公众对食品添加剂的关注相对更高，东北地区的公众对转基因食品的知晓程度更高，但是积极程度不如雾霾和食品添加剂议题。

表2.7　三种议题中公众细分类型与地域分布的交叉分析表

	东部	中部	西部	东北	港澳台及海外
	n（%）	n（%）	n（%）	n（%）	n（%）
转基因食品					
非公众	28（68.3）	6（14.6）	3（7.3）	4（9.8）	0
潜在公众	98（68.5）	20（14.0）	20（14.0）	5（3.5）	0
知晓公众	240（68.2）	50（14.2）	42（11.9）	20（5.7）	0
积极公众	376（68.0）	94（17.0）	54（9.8）	28（5.1）	1（0.2）
食品添加剂					
非公众	20（60.6）	5（15.2）	4（12.1）	4（12.1）	0
潜在公众	75（68.8）	20（18.3）	11（10.1）	3（2.8）	0
知晓公众	225（70.5）	42（13.2）	37（11.6）	15（4.7）	0
积极公众	422（67.2）	103（16.4）	67（10.7）	35（5.6）	1（0.2）
雾霾					
非公众	19（76.0）	2（8.0）	3（12.0）	1（4.0）	0
潜在公众	27（61.4）	9（20.5）	4（9.1）	4（9.1）	0
知晓公众	161（69.7）	27（11.7）	31（13.4）	11（4.8）	1（0.4）
积极公众	535（67.8）	132（16.7）	81（10.3）	41（5.2）	0
总计	742（68.1）	170（15.6）	119（10.9）	57（5.2）	1（0.1）

划分出争议性科技健康议题中的积极公众后，本书旨在探索情境变量和

媒介使用如何影响他们的三种传播行为。为了检验研究假设和问题，我们采用线性回归，聚焦各议题中的积极公众，将信息搜寻、信息防护和信息转发这三种积极的传播行为分别作为因变量，核心自变量为问题认知、卷入认知、受限认知等情境变量和各自议题中的媒介使用频率，同时控制人口统计学特征变量（见表2.8）。

H1预测的是情境变量与信息搜寻之间的关系，从表2.8可知，转基因议题中的问题认知和卷入认知与信息搜寻显著正相关，食品添加剂中的卷入认知和受限认知与信息搜寻呈显著正相关，雾霾议题中的三个情境变量均与信息搜寻呈显著正相关，H1a和H1b部分支持，H1c支持。说明积极公众因为认识到了转基因食品和雾霾议题的问题而更愿意搜寻相关信息，在食品添加剂和雾霾议题中公众感知到的解决问题的障碍越小越愿意搜寻信息，而卷入认知即人们感知到的议题相关度是最强的预测变量。

在媒介使用中，通过报纸、网页和社交媒体获取转基因相关信息的积极公众更可能搜寻转基因食品信息，通过广播、网页和社交媒体获取食品添加剂相关信息的积极公众更可能搜寻食品添加剂信息，通过报纸、网页和社交媒体获取雾霾信息的积极公众更可能搜寻雾霾信息。

在控制的人口统计学变量中，男性和收入越高的人更倾向于搜寻转基因食品信息，年龄越大的人越倾向于搜寻食品添加剂信息，收入越高的人越倾向于搜寻雾霾相关信息。地域分布中，西部的积极公众更愿意搜寻食品添加剂相关信息。

H2预测的是情境变量与信息防护之间的关系，转基因议题中的问题认知和受限认知与信息防护显著正相关，食品添加剂和雾霾议题中的受限认知均与信息防护显著正相关。H2a、H2b、H2c均得到部分支持。可见，受限认知是预测信息防护的最强预测变量。

在媒介使用中，通过广播、网页和社交媒体获取转基因食品相关信息的积极公众更可能采取信息防护，使用广播和网页获取食品添加剂相关信息的积极公众更可能采取信息防护，通过广播和社交媒体获取雾霾信息的积极公众更可能采取信息防护。广播渠道是对信息防护的最强预测变量。

表 2.8　三种议题中对积极公众的三种积极行为的预测回归分析

	信息搜寻			信息防护			信息转发		
	转基因	食品添加剂	雾霾	转基因	食品添加剂	雾霾	转基因	食品添加剂	雾霾
情境变量									
问题认知	0.11**	0.06	0.10**	0.09*	0.05	-0.01	0.13**	0.06	0.004
卷入认知	0.32***	0.16***	0.21***	-0.05	0.01	0.08	0.14*	0.20***	0.19***
受限认知	0.01	0.13**	0.07*	0.17***	0.13**	0.11**	0.14**	0.15***	0.20***
媒介使用									
报纸	0.12**	0.06	0.10*	0.04	0.04	-0.04	0.11*	0.02	0.07
广播	0.05	0.13**	0.07	0.15**	0.10*	0.13**	0.05	0.11*	0.08*
电视	0.04	0.05	0.03	0.02	-0.01	0.05	0.02	0	0.02
网页	0.12**	0.19***	0.14***	-0.17***	0.11*	-0.06	0.09*	0.18***	0.10**
社交媒体	0.10*	0.11**	0.13**	0.18***	0.03	0.13**	0.11*	0.12**	0.13***
人口统计学变量									
性别（ref.=男性）	-0.09*	-0.03	-0.05	-0.11*	-0.13***	-0.13***	-0.07	-0.08*	-0.05

续表

	信息搜寻			信息防护			信息转发		
年龄	0.06	0.11**	-0.01	-0.02	0.03	-0.04	-0.05	0.01	-0.03
教育程度	0.06	0.05	0.04	-0.01	0.01	0.04	0.09*	0.04	0.07*
收入水平	0.1*	0.07	0.09**	0.03	0.07	0.03	0.08*	0.05	0.07*
地域（ref.＝东部）									
中部	-0.01	0.04	0.01	0.004	0.04	0.07*	-0.04	0.02	0.04
西部	0.02	0.08*	-0.03	-0.02	-0.05	-0.02	0.01	0.04	-0.01
东北部	-0.01	-0.02	-0.03	0.01	-0.01	0.05	-0.03	-0.05	-0.02
Total Adj. R^2（%）	27.2***	24.8***	27.7***	12.3***	9.8***	8.9***	22***	23.8***	25***

注：* $p<0.05$；** $p<0.01$；*** $p<0.001$。

51

人口统计学特征中，男性在转基因食品、食品添加剂和雾霾三个议题中都更倾向于采取信息防护。另外，中部的积极公众对雾霾议题更愿意采取信息防护。

H3 预测的是情境变量与信息转发行为之间的关系，转基因议题中三个情境变量均与信息转发呈显著正相关，H3a 得到支持，食品添加剂和雾霾信息中的卷入认知和受限认知均与信息转发呈显著正相关，H3b 和 H3c 得到部分支持。

在媒介使用中，通过报纸、网页和社交媒体获取转基因食品相关信息的积极公众更可能转发信息，使用广播、网页和社交媒体获取食品添加剂和雾霾信息的积极公众更可能转发相关信息。

在人口统计学特征中，教育程度越高、收入水平越高的积极公众更愿意转发转基因食品和雾霾信息，男性更可能转发食品添加剂信息。

五、小结

随着人们收入水平的提高，公众对生活品质的要求也在迅速提升。涉及人们健康、食品安全、环境问题的议题正在日益成为公众最为关注的热点问题。本部分选取转基因食品、食品添加剂和雾霾议题作为三个典型科技健康议题，可以看出这类议题中的公众特征及其各自议题中的不同之处，从而分析出有价值的社会文化地域形态。

通过问卷调研的方法搜集的是普通公众的信息，对公众进行细分的过程可以有效地辨识出积极公众，制定针对积极公众的传播策略。从分析结果来看，我国公众在转基因议题中的积极公众的比例高于韩国[①]，我国公众更多地卷入转基因议题并且感知到更少的限制障碍。可以看出，转基因食品议题在我国已经成为一个严肃问题，但同时我们看到，在食品添加剂和雾霾议题中的积极公众比例更大，可见关涉到人们健康与安全的议题急需引起重视，

---

① KIM J, GRUNIG J E. Problem solving and communicative action: A situational theory of problem solving [J]. Journal of Communication, 2011, 61 (1): 120-149.

因为公众的问题感知程度都非常高。

本研究的贡献之一在于对积极公众的人口统计学特征进行了刻画。比如30—39 岁有着高学历的人群是我国科技健康组织在传播转基因议题中的重点对象。这些结论为我国的科技健康组织制定有针对性的传播策略提供了有效参考。

情境理论指出政府部门和社会组织机构需要辨识那些最直言不讳的民众以及沉默的消极的群体。理解每个议题中的积极的群体，如何以及为何这样或那样看待这个问题，如何再次定义这个问题及原因，他们需要怎么做，这些都预示着最终的大多数对这个议题的想法。比如转基因食品议题中的公众，对于转基因食品有很多不同的想法和诉求，辨识出其中的积极公众以及他们的认知就是政府、行业和科学团体去解决这个问题的第一步。

政府和专家往往认为公众对 STEM 议题存在误解，所以会拒绝去理解普通公众。对转基因食品等科技议题的担忧确实可以通过教育的方式去做些改进，但是有效的公共政策更需要照顾到公众的顾虑。公共舆论可能是非理性的或是被误导的，但是一味地谴责公众并不会改善情况，而解决这些错误的信息首先需要知道在这些议题中进行公共教育和重塑观点的过程中谁是最重要的对象，找准这群公众是最有效率的。

本研究识别出各个议题的积极公众后，对情境变量、媒介使用和传播行为之间的关系进行了进一步分析。结果显示三个情境变量和不同的积极传播行为显著相关。第一，问题认知在转基因食品中和三个传播行为均显著相关，说明当人们感知到转基因食品的问题但是又无法找到解决问题的方法时，会在信息搜寻、防护和转发行为中更积极。第二，卷入认知对信息搜寻和转发行为有较好的预测作用，根据 STOPS 理论，个体倾向于在解决问题的过程中首先搜寻信息，转发行为是个自我驱动的信息给予行为，那么说明在网络环境中公众倾向于搜寻和转发信息，而很少在网络中对与自己相关联的内容进行防护。第三，受限认知在食品添加剂和雾霾议题中和三个传播行为均显著相关。说明公众在食品添加剂和雾霾议题中感知到的限制越少，则越可能去搜寻、防护和转发信息。尤其是网络环境中人们都可以作为信息的提供者，社交媒体是科技健康组织去做策略性传播的重要渠道。

科技健康争议议题被看作问题情境，专家、政府部门和科技健康组织作为积极的问题解决者和决策者，往往积极地学习、选择和分析问题的原因和问题是什么，但是忽视了传播接受者中的最重要群体。在不同的议题中用规范的理论框架识别出积极公众和他们的认知，将其与问题解决者的方案进行有效对应，才是问题得以高效解决的路径。

总之，本研究通过解决问题的情境理论识别出了转基因食品、食品添加剂和雾霾议题中的积极公众并进行了对比分析，提供了公众细分的一套切实可行的理论方法。积极公众的数量会随着时间而变化，当问题成果解决时，该议题的积极公众会减少。而现阶段，识别并倾听他们的声音并将其意见纳入决策机制中，是解决问题的有效方案。

第二节 科学家：科学话语的建构

近年来，有关转基因的议题曾无数次引发了各种层次的激烈争论。原本在科学共同体内部关于转基因食品是否安全的争论，早已被扩展到了整个社会语境中。目前，国内外有一些研究者从话语和修辞的视角开展了对转基因争论的研究。这种话语和修辞的方法为公众理解科学提供了新的视角。

莫森（Motion）指出，在社会争论中，科学家试图寻找一个"话语空间"，可以使他们的话语和行动成为有道德的和合法化。① 山口（Yamaguchi）的研究分析了社会行动者建构话语的过程以及精英行动者如何通过构建一个不同的社会界限来获得信任。②③。利奇（Leitch）研究了在新

---

① MOTION J, DOOLIN B. Out of the Laboratory: Scientists Discursive Practices in Their Encounters With Activists [J]. Discourse Studies, 2007, 9 (1): 63-85

② YAMAGUCHI T. Controversy over Genetically Modified Crops in India: Discursive Strategies and Social Identities of Farmers [J]. Discourse Studies, 2007, 9 (1): 87-107.

③ YAMAGUCHI T, HARRIS C K. The Economic Hegemonization of Bt Cotton Discourse in India [J]. Discourse & Society, 2004, 15 (4): 467-491.

西兰生物技术中（主要是转基因），冲突性和不同意识形态话语中模糊策略起到的作用。① 库克（Cook）等通过对转基因科学家、非专家以及其他利益相关者的深度访谈，指出科学家使用的修辞手法描绘并削弱了非专家在合理性、知识、理解和客观性等方面的参与。② 奥古斯蒂诺（Augoustinos）的研究说明了对转基因作物和食品的观点和态度是如何在争论性和修辞性语境下得到论述的。③ 霍尔姆格伦（Holmgreen）分析了修辞和话语在塑造公众对待生物技术的态度方面起到的作用。④ 蒂娜（Tina）以转基因食品的争论为例，分析了行动者是如何再生产、使用和对抗主导话语的⑤。目前国内尽管已经有文献开始从话语和修辞的角度分析转基因争论⑥⑦⑧⑨⑩⑪，但是相比没有西方学者深入。

2014 年 12 月 3 日，美国辩论组织"智能平方"（Intelligence Squared）

① LEITHCH S，DAVENPORT S. Strategic Ambiguity as a Discourse Practice：The Tole of Keywords in the Discourse on "Sustainable" Biotechnology ［J］. Discourse Studies, 2007, 9 （1）：43-61.

② COOK G, PIERI E, ROBBINS P T. The Scientists Think and the Public Feels：Expert Perceptions of the Discourse of GM Food ［J］. Discourse & Society, 2005, 15 （4）：433-449.

③ AUGOUSTINOS M, CRABB S, SHEPHERD R. Genetically Modified Food in the News：Media Representations of the GM Debate in the UK ［J］. Public Understanding of Science, 2010, 19 （1）：98-114.

④ HOLMGREEN L. Biotech as "Biothreat"？：Metaphorical Constructions in Discourse ［J］. Discourse & Society, 2008, 19 （1）：99-119.

⑤ TINA A H. The Legitimation of Knowledge in Discourse about Genetically Modified Food ［D］. Philadelphia：University of Pennsylvania, 2005.

⑥ 刘珂. 精英话语与转基因论争——批判的话语分析视角 ［D］. 深圳：深圳大学, 2012.

⑦ 孙由之. 国内转基因报道批评话语分析：语料库语言学视角 ［J］. 琼州学院学报, 2014 （3）：47-51.

⑧ 黄少苹. 从批评性语篇分析看对转基因食品是与非的构建 ［J］. 佳木斯教育学院学报, 2013 （12）：453.

⑨ 姜萍. 修辞学视野中的转基因技术争论研究——以"转基因主粮事件"为例 ［J］. 科学技术哲学研究, 2011 （12）：96-101.

⑩ 陈晓静. 科技传播视角下的转基因争论话语分析——以 2013 年转基因争论事件为例 ［J］. 今传媒, 2014 （8）：50-51.

⑪ 韦敏，蔡仲. "黄金大米事件"中行动者的网络修辞 ［J］. 自然辩证法通讯, 2015 （3）：103-109.

以"转基因食品"（Genetically modify food）为主题举办了一场辩论节目①，辩论进行了 90 多分钟，辩论双方以"转基因对人体健康和环境安全的影响"这个公众普遍关心的议题为主线，开展了一系列科学表述实践。在这场辩论中，正反双方的代表均是在生物领域有一定权威的科学家，这使得该辩论从整体上以一定科学知识背景为基础，站在一个较高的层面上讨论转基因技术的整体价值和利弊权衡。

辩论分为三部分：开场陈述、自由辩论和总结陈词。在第一部分的开场陈述中，四位科学家分别就转基因技术提出自己的主张并为之辩护；在自由辩论部分，四位科学家针对转基因技术中产生的热点问题进行辩论，并解答了观众的提问；最后是四位科学家进行各自两分钟的表达陈述，使双方的论点得到强化。

运用 Nvivo 软件对这场辩论的文本进行词频分析，其中出现频次较高的单词如图 2.2 所示。② 这场辩论围绕着转基因技术的安全性和对环境的影响展开，涵盖了科学界对转基因技术的发展问题、转基因安全性的共识性问题、杂草的抗性问题等公众普遍关心的热点问题。

本节试图在已有研究的基础上，以这场辩论为切入点，以科学话语为分析对象，探讨转基因议题的实践视域中科学话语的表达特点，分析在争论性和修辞性语境下，四位科学家是如何建构科学话语和维持其主导地位的、他们是如何建构出不同的转基因形象的以及他们在表述实践中用到了哪些修辞手段和策略。

一、话语与话语分析

本节的理论基础主要是建构论进路以及话语和修辞的相关理论研究。建构论进路认为，科学是话语和实践的一个集合，同时科学也是修辞的产物。

---

① 资料来源：可从智能平方官方网站中查看和下载这场辩论的录音。

② Nvivo 是一个定性资料分析工具，可处理多种文本数据和非文本数据。通过词语云分布可看出在辩论中出现的频次较高的词汇，在辩论文本中单词出现的频次与图中显示的字体大小成正比，某一单词出现的频次越高，在图中显示的字体就越大。

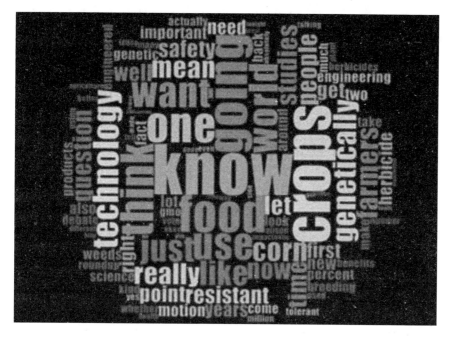

图 2.2 转基因辩论文本的词语云分布

这种认识论强调了语言和话语体系在社会建构中的作用。20世纪七八十年代，伴随着人文学科的修辞转向和修辞学的批判性转向①，学者们转向对话语和修辞在社会现实建构中的作用的重新认识。

本节的分析方法基于建构主义的话语分析路径，这种方式侧重于发现语言或话语在建构世界、重塑现实时所具有的功能或效果。② 或者可以说，这种方式关注的是话语的表述特点以及话语主体如何按照其认知体系、并借助一定修辞手段来建立意义和相关性的，强调了语言、论证、象征性和修辞性因素的重要性。其中，修辞是话语主体在建构现实中使用的一项重要策略。借助于修辞，主体和客体的张力将达到一种平衡。

---

① 曲卫国. 人文学科的修辞转向和修辞学的批判性转向 [J]. 浙江大学学报（人文社会科学版），2008（1）：114—122.

② 刘立华. 社会建构主义视角下的话语分析 [J]. 西安外国语大学学报，2009（2）：51—53.

正如肯尼思·伯克（Kenneth Burke）指出，所有语言都是修辞性的、隐喻性的和辩证的，即使那些貌似中立的语言形式背后都隐藏着修辞动机。[①]

话语是一个普遍而复杂的概念，它在不同的学科领域中有着不同的含义。很多学者提出的话语分析研究在方法论和研究途径上均有较大差异。

近年来，费尔克拉夫（Norman Fairclough）的社会文化分析法、梵·迪克（Van Dijk）的社会认知分析法、沃达克（Ruth Wodak）的话语历史分析方法、詹姆斯·吉（James Paul Gee）的文化语言学视角的话语分析、马汀·哈杰（Maarten Hajer）的政策视角的话语分析等研究方法逐渐引起了国内学者的关注。

在各种话语分析的研究取向中，有的侧重于语言学分析，有的侧重于对权力和意识形态的探讨，有的则侧重于对话语生产中制度实践的研究，不同的方法适合于不同的话题和问题，然而不论哪种类型的话语分析，都意在揭示出语言是如何塑造现实的。[②]

吉提出了一套话语分析方法用来探讨话语主体是如何通过语言构建不同的情景身份和不同的世界的。他认为使用语言是一种积极的构建过程。人们总是改变旧话语，创造新话语，争夺话语边界，扩展话语边界。本书的研究目的正是希望去分析该辩论中的科学家们如何通过话语表述来构建身份和维持其话的主导地位的。基于此，本章将采用吉提出的一套话语分析方法，从这场转基因辩论的话语内容入手，即从微观层面分析行动者（正反双方）的科学主张和策略，分析科学家是如何通过语言来构建意义，并使其立场合法化的。

吉认为，人们通过口语和书面语创造或构造周围的活动、身份和机构世界，每个实践领域，每个科学话语都与行动、表达、物体和人合调，它们彼

---

① 邓志勇. 修辞理论与修辞哲学：关于修辞学泰斗肯尼思·伯克的研究［M］. 上海：学林出版社，2011：105.

② HAJER M. A Frame in the Fields：Policymaking and the Reinvention of Politics［M］// HAJER M，WAGENAAR H. Deliberative Policy Analysis：Understanding Governance in the Network Society. Cambridge：Cambridge University Press，2003：103-104.

此之间建立起一种"切实可行的"关系。① 他提出了话语分析的"七项构建任务",分别是:① 意义:事物的意义是由话语主体赋予的,人们利用语言使事物有意义(赋予它们意义或价值);② 活动:人们使用语言来确认从事什么样的活动;③ 身份:人们使用语言以获得某种身份或角色;④ 关系:人们通过语言构建了社会关系,这是一种情景所涉及的人确立并协商的重要而有效的关系;⑤ 立场与策略:人们使用语言来传达对社会产品分配性质的看法,即构建一个关于社会产品的观点;⑥ 联系:人们使用语言使事物相互联系或彼此相关;⑦ 符号系统与知识:在任何情景中,一个或多个符号系统和各种认识方法都是以一定的方式发挥作用和占据优势的。

二、科学话语表述特征

吉提出的七项话语建构任务是一种理想的话语模式,他认为真正的分析对一些构建任务关注程度高,对另一些关注程度低,在不同情况下关注的构建任务也不同。并且这些构建任务是同时发挥作用的。很多手段可以同时作用于一个以上的任务。针对这场辩论,郑泉和张增一选取了构建身份、联系、策略、符号系统与知识这几项也做出了分析。②

(一)构建身份:劝导性话语和"中立"的价值观

在这场转基因的辩论中,无论是支持转方还是反转方都是通过话语表述构建情景意义。他们的科学话语受到各自的"专业"和"机构"的影响,通过谈论"专业"和"证据"为自己构建出一个支持转或反转的身份,并试图削弱对方的话语,影响公众对待转基因的态度和观点。这里分析的问题是:一个人的语言表述被用来促成了哪种或哪几种身份的确定?更明确地说,什么身份(角色)与伴随而来的个人、社会、知识、价值观等与情景中的构建相关?在辩论的第一部分开场陈述中,正方和反方首先构建出的就是

---

① 詹姆斯·保罗·吉. 话语分析导论:理论与方法 [M]. 杨炳钧,译. 重庆:重庆大学出版社,2011:29-31.

② 郑泉,张增一. 转基因议题中科学话语的建构策略分析——以美国"智能平方"举办的一场转基因辩论为例 [J]. 自然辩证法通讯,2018(40):104-111.

在这场所扮演的角色以及对转基因的认知和价值观。他们需要在一种竞争性的情境中对主张进行竞争性的解释，选择那些能够促使特定的境遇性公众产生回应的内容，来吸引公众同意他们的观点，使他们的理论、观点和价值为不同视角的公众所接受。① 伯克认为，话语的宣称活动是构建意义的劝说过程，也是一种修辞过程，话语主体在其中赋予了事物一定的意义。

正方代表是弗莱里（Robert Fraley）和埃宁纳姆（Alison Van Eenennaam）。弗莱里是 2013 年世界粮食奖得主，现任孟山都执行副总裁、首席技术官。他以转基因抗虫作物和抗草甘膦作物为例指出转基因技术的好处有：减少了杀虫剂的用量、增加了作物的产量、农民可以使用更加安全和对环境友好的化学制品、不需要再犁地等。通过下面几点表述表明了自己的挺转态度：（1）转基因不是圣杯（Holy Grail），而是一项重要的工具，合理运用这项技术可以使农民生产出高质量的产品并使消费者受益。（2）转基因技术并不是唯一的工具。我们需要继续研发植物育种和开发新领域，比如精密农业（precision agriculture），需要继续研发有机农业技术和其他工具。（3）转基因技术并不完美，和其他技术一样需要被有效地管理和规范。

埃宁纳姆是加州大学戴维斯分校基因组与生物技术研究员。她认为人们通常把转基因技术和孟山都、农业公司巨头相混淆，而实际上转基因只是一个育种工具。她列举了一系列转基因植物和动物：耐洪涝水稻、抗旱小麦、抗病毒木瓜、抗旱玉米、抗病毒西葫芦、抗氧化苹果、抗柑橘黄龙病橙、抗栗疫病栗树、抗非洲昏睡病的家畜等来论述转基因带来的好处——可以降低作物损害、给农民带来收益、降低杀虫剂的使用。并指出这与农业生态学、可持续发展、使更多农民受益同时减少对环境的影响的目标是一致的。

反方代表是梅隆（Margaret Mellon）和本布鲁克（Charles Benbrook）。梅隆是美国科学政策顾问，忧思科学家联盟前负责人。她指出转基因技术的局限性。遗传工程（转基因）并没有达到最初科学家设想的愿景和对公众的承诺。农民在早期种植转基因抗草甘膦作物和抗虫作物时，确实对于杂草和害

虫的处理非常成功，然而随着杂草产生对除草剂（主要成分是草甘膦）的抗性，除草剂将不再像以前那么有效，为了应对这些抗性杂草，农民将不得不使用更多的除草剂。据此，梅隆认为，经过 30 年的时间，转基因技术并没有达成早年对公众许下的承诺，在它唯一达成的领域，好处也在倒退，农民不得不继续走向除草剂不断增加的道路。在应对重大的农业挑战面前，传统育种和农业生态学会比转基因技术更有力量，同时强调了其观点"并不是要禁止或者放弃研究（转基因技术）"。

本布鲁克是华盛顿州立大学可持续农业与自然资源中心教授。他承认转基因作物在开始的几年里使用效果很好，但是遗传工程的现实与当初的愿景差别很大，比如对转基因抗草甘膦作物的最大担忧是其导致除草剂使用量的大量增加，而且情况一年比一年糟糕。此外还有对健康和环境的担忧也在逐渐增加。人们需要综合考虑转基因技术带来的后果：它的实际产量、Bt 蛋白①对环境和水生生态系统的影响以及对农民成本的影响等。他认为，科学界对转基因食品的安全性并没有达成共识。

通过语言表述，科学家们提出了自己的主张，构建出了各自所扮演的角色，呈现出一种对立性的话语表述，正方强调转基因技术是"安全的""是一项重要的育种工具"，反方强调"科学界对转基因技术的安全性并没有达成共识""杂草的抗性问题"等，然而他们在建构一种劝导性话语的同时都在尽力维持一个"表面中立"的价值观。下面摘录两个典型的双方表述：

摘录

（正方）：（1）弗莱里："转基因作物完美吗？当然不是。像任何技术一样，转基因技术需要有效地被监管和管理。"

（反方）：（2）梅隆："我们并不是要禁止和放弃对转基因技术的研究，而是希望把它从舞台的中央移开。"

---

① Bt 蛋白是苏云金芽孢杆菌（BacillusThuringiensis，Bt）产生的一种伴孢晶体，这种伴孢晶体含有的内毒素可破坏害虫的消化道，杀死害虫。转基因抗虫作物就是通过转入 Bt 蛋白，保护作物不受害虫的侵害。目前学术界对 Bt 蛋白的安全性存在争议。

通过比较挺转和反转的话语，可以发现：支持转基因的一方并没有完全肯定转基因技术，而是从转基因技术的好处入手，且强调转基因技术只是一项技术，它并不完美；反方在表明自己的立场时也并没有完全否定转基因技术，而是在肯定转基因技术带来的好处的基础上，强调转基因技术并不是一项不可或缺的技术，重点从转基因技术可能带来的负面影响和长期潜在风险作出辩护。约瑟夫·劳斯（Joseph Rouse）认为，科学论证的目标是如何合理地说服同行专家，这种说服依赖于特定的社会情境，科学主张是在修辞空间而非逻辑空间中被确立。① 在这场辩论中，这种表面上看起来具有"中立性"的价值观和科学话语正是一种关键的修辞资源，是一种劝服的手段，科学家们试图通过建构出一种"风格上具有非个人性、内容上具有技术性、价值取向上具有中立性"② 的科学话语来排除主观选择带来的"偏见"，从而获取信任。

（二）构建联系：转基因的安全性 vs 风险性

吉认为，事物在任何情景中都是彼此以某种方式联系或不联系的。这涉及互文性。这里话语分析的问题是：互文性（引用或暗指其他文本）是如何被用来在当前情景或不同的话语中创建联系的。费尔克拉夫指出，互文性是文本所具有的属性，即：一些文本充满着其他一些文本的片段，它们可以被明确地区分或融合，而文本也可以对它们加以吸收，与之发生矛盾，讥讽性地回应它们。③ 科学家在建构他们对待转基因技术的立场时，会选择性地把各种科学报告、经过同行评议的论文，或者权威机构的话语与自身的话语建立一种联系，来支持自己的观点。

例如，埃宁纳姆在论述转基因安全性时这样说道："2013 年的一篇由意

---

① 约瑟夫·劳斯. 知识与权力——走向科学的政治哲学［M］. 盛晓明，邱慧，译. 北京：北京大学出版社，2004：124-130.

② 迈克尔·马尔凯. 科学社会学理论与方法［M］. 林聚任，等译. 北京：商务印书馆，2006：343.

③ 诺曼·费尔克拉夫. 话语与社会变迁［M］. 殷晓蓉，译. 北京：华夏出版社，2003：287-288.

大利公共研究机构的科学家完成的综述总结了 1700 份关于转基因作物安全性的科学报告……得出的结论是到目前为止并没有发现任何与转基因作物直接相关的重大危害。我在 2014 年发表的一篇综述……也没有发现与危害相关的可信证据。"

在该表述中，埃宁纳姆采用了互文性的方式使该机构的话语与自身的话语建立了一种联系，策略性地将 2013 年的一篇综述报告和自己在 2014 年的一篇报告联系起来，构建了对转基因安全性的辩护。费尔克拉夫将这种"特定的其他文本公开地被利用到一个文本中的情形"称为"明确的互文性"。

科学家在具体的表述时还可以通过选择语词表达他自己文本的方式来构建某种联系。例如，本布鲁克评论孟山都公司研发的一种豪华型转基因玉米 SmartStax 时，指出这种玉米把八种性状混合在同一种植物中，引发了科学界极大的担忧。

他对此的表述是："这种混合了八种不同形状的转基因玉米引发了一些重要的科学担忧……"这句话暗含了一个预设："叠加了多种性状的转基因植物会更危险"，费尔克拉夫认为，预先假设是由文本的生产者作为业已确立的或"给定的"东西而加以采纳的主张，而在文本的表层结构上存在着各种符合规范的暗示。有些预先假设的说明以一种非互文性的方式，当作是被文本生产者视为理所当然的立场。

在上面这个例子中，通过预先假设和语言表述，本布鲁克在转基因产品与风险之间构建了一种联系。埃宁纳姆回应本布鲁克的观点时，就注意到了这一暗含的预设，她通过以反问的方式指出——"为什么性状叠加会更加危险，你的生物学基础是什么呢？"——来对这一预设提出质疑，质疑对方的观点缺乏生物学基础，即试图使用"生物学基础"这一潜在的科学资源暗示本布鲁克的观点是缺乏生物学基础的，因此是不可靠的。

（三）构建符号系统与知识：科学话语主导地位的争夺与维持

这里话语分析的问题是：某段话是如何使获取知识和信念或宣称知识和信念的方式占优势或不占优势？

首先，科学家通过提出主张的方式构建一种占据优势的符号系统。"科

63

学界对转基因的安全性问题是否达成共识"是在这场辩论中正方和反方争论的主要分歧之一，正方认为，科学界对转基因的安全性问题已经达成共识。弗莱里指出，在转基因技术进入市场后的 20 多年中，没有一项食品安全事件是与这项技术相关。科学界在转基因的安全性上达成了强有力的共识。数千项学术研究和很多国家自己的独立健康安全评估都得出被世界主要科研团体所接受的结论——转基因产品是安全的。埃宁纳姆通过列举科学证据等方式使其宣称的知识进一步占据了优势（关于埃宁纳姆使用的策略将在第 4 点作出解释）。

此外，透过科学家在这场辩论中所使用的词汇，可以看出话语主体背后的认知与价值观。吉认为词汇的使用不仅与社会身份和社会活动有关，同时也体现了话语主体的价值观与利益。

摘录

（4）弗莱里："我想说的是，关于转基因作物的安全性已经形成强烈的共识。"

（5）埃宁纳姆："如果没有对转基因安全性的广泛科学共识，这些研究不可能顺利开展。"

反方则主张"对转基因的安全性没有共识"，本布鲁克认为随着转基因植物的增多，需要的除草剂也会越来越多，伴随的将会有更多的安全和环境问题，他通过引用科研机构的报告等方式指出转基因食品带来更大风险的可能性是存在的；虽然梅隆赞成"目前还没有证据表明转基因技术存在明显的短期效应"的观点，然而她通过强调"（1）一些潜在的负面效应可能还没有被发现。（2）不同的转基因技术应该被区分对待，并不能证明所有的转基因技术都是安全的"来反驳正方的观点。并在具体的表述时，加强了语气。

摘录

（6）：我们必须考虑转基因技术的安全问题，尤其是它的长远影响。

其次，在辩论中，科学家不仅通过提出主张的方式使其宣称的知识占据优势，并且在话语对抗中通过批评的方式为自己构建某种符号系统。话语对抗的常见形式是对一项主张进行批评。格根（Kenneth Gergen）指出，批评依赖于一个主张的本体、维持了该主张的可理解性、使不同意见具体化、引发相反的意见。

格根认为批评是一种修辞策略，其作用是解构对方话语、削弱对方的观点、模糊现有的文化。[①] 例如，埃宁纳姆批评反对转基因的科学家会为过分的谨慎而付出代价，并且作为一名科学家，需要让数据告诉自己到底有没有安全担忧。这句话的潜在含义则是想告诉公众，相比并没有发生的假想风险，更应该相信科学数据和结论。通过对双方的原主张提出批评，辩论双方可以进一步维持其话语的主导地位。

（四）构建策略："话语同盟"的力量

在这场辩论中，科学家通过构建一系列的语言策略来提出有说服力的主张并为之辩护，从而实现话语对知识具体内容的影响。他们的目的不仅仅在于希望其语义表述得到理解，而且希望能够使它们作为真相或至少可能的真相而被公众接受。这里想要分析的是，科学家是如何通过语言表述和使用策略等表征其科学话语的。正反双方为其主张进行辩护所采用的主要策略就是构建一种"同盟"，构建同盟的方式是多样化的，这种同盟可以是引入非人的物质力量、科学术语、数据或符号资源，也可以是人类主体。

具体而言，双方采用的主要策略有：

（1）援引数据。数据起到主体为自身辩护而免于主体主观偏见的作用。可以说，对数据的引用贯穿了辩论的整个过程。通过借助"数据"这一可信的客观实在来表明其观点是有依据的，是科学家在辩论中使用次数最多的手

---

① GERGEN K J. Social Construction in Context ［M］. London：Sage Publications Ltd，2011：55.

段。例如，针对正方指出的转基因技术可以减少杀虫剂的使用，本布鲁克通过数据举例直观地反驳了对方的观点，他指出每公顷包含六种 Bt 蛋白的转基因玉米会用到 3.7 磅的生物杀虫剂，这实际上增多了杀虫剂的使用量。在论述转基因作物导致草甘膦使用的增加时，本布鲁克也采用了数据举例："1995 年，美国农业系统使用的草甘膦是 2700 万吨。10 年后上升到 1.57 亿吨，2014 年，美国农业部的数据表明草甘膦的使用量达到 2.3 亿吨。"

（2）援引科学研究和实验结论。对科学研究而言，多个独立证据和重复的研究成果更可信。[1] 埃宁纳姆在辩护过程中，引用了德国科学家的报告、意大利公共研究机构的科学家独立完成的报告和她本人在 2014 年发表的一篇关于动物喂养试验的综述文章来论证"科学界对转基因技术的安全性形成了广泛共识"的主张。梅隆则通过引用《自然》中的研究报告指出"遗传工程并没有生产出人们需要的那些症状"。

（3）援引权威机构话语。通过有选择性地利用具有较高可信度的机构的观点，是科学家增加其论证合理性和可信度而使用的另一种策略性手段。埃宁纳姆在辩护时引用了世界最大、最负盛名的科研团体美国科学促进会（AAAS）的声明"现代生物技术和分子手段用于改良作物是安全的"。

同样，反方也采用了同样的手段为其辩护，本布鲁克在自由辩论一开始就引用了两篇来自美国国家科学院的报道指出转基因食品存在高风险的可能性，在最后的总结陈词中，他引用了美国农业部（USDA）的数据来表明美国草甘膦使用量增多的观点。

（4）使用修辞格的策略。在这场辩论中，科学家使用到的修辞格有隐喻和类比。在杂草产生抗性的问题上，弗莱里通过类比的方式指出制药公司不会因为抗生素的使用产生了抗药性就不再研发新的抗生素，来暗示人们"同样不能由于杂草产生抗性就放弃草甘膦的使用"。

隐喻则是一种浓缩了的类比，它把一个所指意义用于指一组与特别的方式相关联的事物，目的在于构建起不同语域之间的通约。[2] 本布鲁克最后在

---

① 石左虎. 政策：解释科学论断的 20 个提示 ［J］. 世界科学，2016（1）：60.

② 闫世强，李洪强. 科学修辞语言战略 ［J］. 科学技术哲学研究，2014（1）：23-25.

提出转基因技术导致除草剂使用量增加的观点时采用了隐喻的方式说道："不幸的是，转基因技术的发展实际上演变成了一场和杂草进行的军备竞赛，使用除草剂变成唯一的武器。"在这里，他把抽象的转基因技术描绘成一场具体的"竞赛"，杂草的增多和抗性的增强暗示着除草剂这个"唯一的武器"变得不再有力，从而暗示了这场"竞赛"的结果。通过使用修辞格的策略，科学家试图使一些不容易被理解的知识变得简单、明晰和易于理解，从而达到其说服的目的。

三、转基因议题中的话语策略

本部分以吉的话语建构任务为分析框架，以四位科学家在这场辩论中的话语为分析对象，研究了其话语是如何在争论性和修辞性语境下得到论述的。回顾这场辩论，可以看出，正反双方的对话始终是在基于一种科技争议和理性并存的实践视域中进行的。在这种争论性的语境中，科学话语的特点主要有：（1）科学界就转基因的安全性、杂草的抗性等问题目前并没有达成一致的统一意见，双方的话语表述具有对立性。通过构建身份、合理性和"中立性"的话语，正反双方试图构建出一种权威性的科学话语来获得信任。（2）双方采用互文性和预设的方式在转基因的安全话语和风险话语之间构建联系，在两种对立的话语对抗中通过主张和批评的方式构建一种符号系统来争夺其话语权，在具体的论述中使用了一系列的语言和修辞策略为之辩护，凸显转基因技术的安全性或者风险性，以强化其话语的力量或者解构对方的话语。

此外，在这场辩论开始和结束时，观众分别进行了投票表明他们是支持或反对转基因。其中支持的人数由32%上升到60%，反对的人数由30%变成31%，未决定者由38%下降到9%。这场辩论对中间派的影响很大，大部分中间派在辩论后改变了对转基因的看法。

近年来在我国媒体上出现的转基因争论一种是媒体人和学者之间的争论，如公众熟知的崔永元和方舟子之间的论战、崔永元和卢大儒的转基因之辩等，由于双方的知识背景和信息的不对称等因素，争论主要集中在挺转或反转的立场、权益和动机方面，难以理性地讨论转基因的安全性或风险性，甚至演变成双方的相互指责和争吵，算不上真正意义的辩论。另一种是媒体举办的一些转基因公开辩论，如凤凰卫视的电视评论节目"一虎一席谈：中国该不该拒绝转因"，与本文案例中辩论双方均是生物领域的科学家不同的是，在国内的辩论中，正反双方的组成更加多元化，通常生物领域的科学家扮演着挺转角色，而诸如绿色和平组织、人文学者等则扮演的是反转角色，在辩论中由于知识背景的差异，双方在一些问题的提出和解答上呈现出"单向""错位""失衡"的话语表达特点，并且部分观点的表述不够严谨，对于受众而言缺乏可信度。① 有学者指出，只有存在争论双方共同认可的一种"符号"，争论双方才有可能彼此理解，从而进行平等的对话。②

因此，如何在中国开展一种更加有效和理性的转基因辩论和科学对话活动？科学家们如何用科学数据和研究案例来解释公众普遍关心的转基因问题，促进转基因议题的深入讨论或形成共识，是现阶段我国科学传播面临的重要课题。纳瓦罗（Mariechel Navarro）指出（Navarro 等，2011），科学家应该精心建构一种共享文化（a shared culture），在该文化中，科学信息需要和公众利益相互协商。这样可以使科学家维持其解释性说明并通过意义共享来构建现实。如何去建构这种共享文化？需要政府、科学界、媒体和公众等共同努力，搭建起转基因议题沟通、对话和协商的平台，越来越多地开展深入的和理性的辩论，促进在转基因议题上的实质性对话或形成共识。这就是分析美国"智能平方"举办的这场转基因辩论对我们的启示。

四、风险与安全："PX"议题报道中专家话语分析

"PX"（Para-xylene，对二甲苯的简写）原是一种普通化工产品的专有名词，近些年在国内，这一符号早已超出原有意义所指，发展出饱含争议的

---

① 黄礼福. 传播者的观察判断和满足受众需要策略分析——以《一虎一席谈——中国该不该拒绝转基因》为例［J］. 今传媒，2014（7）：99-100.
② 王大鹏，钟琦，贾鹤鹏. 科学传播：从科普到公众参与科学——由崔永元卢大儒转基因辩论引发的思考［J］. 新闻记者，2015（6）：8-15.

内涵和意义。从 2007 年的厦门到 2014 年的茂名，有关"PX"风险的争议持续发酵。"PX"成为避之唯恐不及的"剧毒"化工项目，逢上必反。近十年时间，多位化工、环境专家曾多次在媒体发声，对 PX 的毒性、项目安全性等内容进行"解读"或"正名"，2013 年来更是进入密集科普期，经媒体广泛报道，形成了较为丰富的专家话语语料库。

许多环境问题的社会建构研究指出，科技专家在建构主张中扮演着重要角色。① 国内有关 PX 风险争议的研究文献，分析视角主要集中在媒介与环境新闻、政府与企业公关、公众与公共领域等方面，对"专家"角色的研究寥寥无几。赵万里、王红昌曾指出厦门 PX 事件中，专家认知存有分歧②，但并未对专家意见详述和分析。曾繁旭等研究了 PX 事件风险传播中的专家与公众的风险故事如何展开竞争③，但将大多数专家的支持态度视为专家的整体意见，但忽略了专家内部的意见分歧。在"PX"的风险传播中，专家发表了哪些主要观点？存在怎样的分歧？采取了怎样的修辞策略？如何在媒体上呈现的？这些问题值得我们关注和研究。

岳丽媛和张增一通过对这一时期媒体报道中的专家话语进行梳理，发现专家内部对"PX"的认知和意见确非铁板一块，事实上，关于"PX"的毒性和选址距离这样的争议焦点恰恰肇始于"反 PX 派"专家的话语经由媒介的广泛传播。④ 尝试从专家话语入手，采用话语分析方法来考察"反 PX 派"和"挺 PX 派"专家是如何实现话语构建任务的，并通过分析、对比专家话语修辞的实践逻辑是有效的分析路径，以期探索话语背后的社会原因。

（一）综合话语分析法——七项构建任务

詹姆斯·保罗·吉在《话语分析导论：理论与方法》中提出了独到的

---

① 汉尼根. 环境社会学 [M]. 2 版. 洪大用，译. 北京：中国人民大学出版社，2009：133-135.
② 赵万里，王红昌. 自反性、专家系统与信任——当代科学的公众信任危机探析 [J]. 黑龙江社会科学，2012（2）：87-91.
③ 曾繁旭，戴佳，杨宇菲. 风险传播中的专家与公众：PX 事件的风险故事竞争 [J]. 新闻记者，2015（9）：46-49.
④ 岳丽媛，张增一. 风险与安全："PX"议题报道中专家话语分析 [J]. 自然辩证法研究，2017（8）：45-50.

话语分析综合法。此方法从认知、社会和互动结合的角度切入，分析语言是怎样进行社会活动、表现视角和建立社会身份的，即思考在特定的时间和地点语言是如何构建情景网络的，及情景网络是如何使语言具有意义的。① 在PX 风险的争议中，专家的话语主要通过大众媒介呈现，不仅包含大量的化工、环境、工程技术等科学话语，还有丰富的社会化情景和语言，不同于传统的科技争议在实验室、科学论文等科学共同体内部交流，所以，本文没有采用马尔凯的科学话语分析法，尝试用吉的综合话语分析法，探讨 PX 环境风险争议中专家话语的构建逻辑。

吉认为人们根据语境使用口语或书面语，实际上是在创建或重构社会身份、社会活动和社会机构。他提出人们在说话或写文章时同时创建七种"现实"，即完成七项构建任务：意义、活动、身份、关系、立场与策略、联系、符号系统与知识。② 总的来说，人们使用语言创建情景，就是在一项活动或一组活动中，人们确定某种身份或角色，促成彼此之间的某种关系，使用某种符号或知识体系，在这种活动中，人和事物承担某种意义或含义，事物通过不同的方法彼此联系或不联系，以不同方式发挥作用。吉还给出了考察建构任务的调查工具：情景意义、社会语言、话语模式、互文性等，但他也强调调查工具用于指导分析和研究，在具体操作上可灵活掌握。本文借鉴这些调查工具，从构建任务的七个维度，考察 PX 风险争议中的"挺""反"专家话语如何建立和识别社会活动和身份，如何构建其与公众的关系、公众与PX 的联系并赋予意义的，进而探讨专家话语争议建构的社会因素及影响。

针对 PX 风险争议中专家的话语文本，本部分选取了国内报纸为研究对象。以"PX""对二甲苯"为主题，通过对 CNKI 重要报纸数据库的检索，得到与 PX 事件相关的新闻 521 篇。对报纸文本通读后进行筛选，选取包含专家话语（包括采访、会议发言、评论等）的新闻 98 篇为研究样本，分析

---

① GEE J P. An introduction to discourse analysis：theory and method［M］. 北京：外语教学与研究出版社，2000：68-70.
② 詹姆斯·保罗·吉. 话语分析导论：理论与方法［M］. 杨炳均，译. 重庆：重庆大学出版社，2011：133-135.

媒介再现专家话语的特点与修辞策略。

文中所指的专家，是指来自石油化工行业、高等院校、环境保护部门以及专业咨询机构的掌握化工、环境相关知识、技术的权威人士。其中，"反PX派"专家是指公开且明确表示质疑、反对PX项目的专家。代表人物主要有赵玉芬、袁东星等。"挺PX派"专家指公开且明确表示支持PX项目建设，认为PX低毒、环保及安全可靠的专家。代表人物主要有曹湘洪、金涌等。此外，还有部分持中立态度的专家不作为本文分析对象。

（二）专家话语对比分析——基于七项构建任务

1. 构建活动："风险"沟通与"安全"科普

双方专家话语都展现出对一系列活动的历时性构建。"反PX派"专家的活动有：2006年11月，赵玉芬等6位院士就联名上书厦门市委书记，指出PX项目潜在的安全后果和污染隐患。2007年1月专家们再次与政府官员专项沟通。2007年"两会"期间，赵玉芬院士联合其他104位来自科技、教育、医药卫生等领域的全国政协委员提交《环保与城市——厦门海沧PX项目的迁址建议》详尽分析报告，迅速引起媒体关注，瞬间引起厦门市民强烈反响。通过"反PX"派专家长达数月的沟通努力，PX项目的争论焦点主要集中在环评报告上。2007年11月新的重点区域环评报告公布，指出在"石化工业区"和"城市次中心"之间存在定位矛盾，结论证实了"反PX派"专家言论。在12月13日的环评公众座谈会上，袁东星教授再次以详尽的数据和专业论述，阐释了"不反对建PX，但反对建在厦门"的观点，赢得满场掌声。最终，福建省政府和厦门市政府决定尊重民意，将该项目迁往漳州古雷半岛兴建。①

"反PX派"专家在厦门PX项目迁址漳州后悄然隐退，形成鲜明对比的是，2011年大连PX事件后，"曾经鲜见露面的"的"挺PX派"专家"开始直面公众"，陆续在媒体发声。"挺PX派"持续不断地开展了一系列科普

---

① 中国青年报，厦门PX项目事件始末：化学家力阻PX项目落户［EB/OL］.中国新闻网，2007 - 12 - 28. https：//www. chinanews. com. cn/gn/news/2007/12 - 28/1117871. shtml

宣传活动。2011年9月，金涌教授等化工专家在中国石化联合会专家学者座谈会上对PX有关问题进行现场解疑释惑。2013年全国"两会"上，曹湘洪院士提交了"消除化工恐惧症"的提案，建议国家设立专项资金，加强公众的化工科普教育。2014年茂名PX事件后，曹湘洪院士现身央视《对话》栏目坚定地表述："PX绝对不是剧毒"。4月，在"中国PX发展论坛"上，专家代表们对PX"被妖魔化"作出系统性的回应。其中，曹湘洪院士发表专题演讲，普及有关PX的基本知识。6月，曹湘洪院士在科技新闻大讲堂进行科普。

2. 构建身份：权威专家的"感性"和"理性"

在身份的表述上，都注意用专业背景的定语来修饰和强调话语主体的权威身份或地位。例如在引用"反PX派"专家赵玉芬院士的话语时，反复提及"全国政协委员"（19次）、"中科院院士"（14次），以及"有着浓厚化工背景"的"教授"。对"挺PX"派专家曹湘洪也反复提及"中国工程院院士"（15次）、"国家石油产品和润滑剂标准化技术委员会主任"（3次）等身份。并用"40多年的老科技工作者""在PX研究中最有发言权的学者之一""组织过PX设备的生产、检修，组织过技术创新，没有发生事故"等细节描述，强调曹湘洪院士丰富的PX理论和实践经验，赋予其高度话语权。

在态度方面，"反PX派"专家是极其诚恳、急迫和关切的，例如在接受采访时"'因为牵涉到重大的环保问题'，没等记者过多询问，赵玉芬委员就脱口而出"。赵玉芬院士在提案中显得"忧心忡忡"。还有这样的细节描述：赵玉芬院士得到厦门大学校领导的认可，认为"院士们的做法是科学家良知的表现"，赵玉芬院士对此"颇感宽慰"。在面对"挺PX派"公开指责甚至已诉诸法庭的对峙，袁东星教授在市民座谈会发言时回应："我们头顶上是大学教授的头衔，但之下是我们的良心。"通过"良知""良心""宽慰"等一系列诉诸道德的感性修辞基调描述，构建了"反PX派"专家有良心的、有社会责任感的专家形象。

"挺PX派"则一直走在"风口浪尖儿"上。"很多专家不愿惹火上身谈论热点话题时，曹湘洪却对 PX 的科普邀请从不推辞。"每当 PX 事件引发争议时，曹湘洪院士"这位化工领域的权威专家，都会通过媒体向公众解释一番"。在描述曹湘洪院士对 PX 进行科普的态度时，多采用"坚定""坚决""不退缩""乐此不疲""从不推辞"等积极词汇，来形容曹院士"捍卫科学真理"的"坚持"。当遭到"反对声音甚至人身攻击"时，曹院士表示"这是我熟悉的事，作为一个科技工作者有责任讲"，"骂我也没关系，我相信大家最终会了解的"。通过一系列描述，展现了"反 PX"派不惧怕质疑和批评，勇讲真相、坚持真理，构建了理性的、客观的、具有科普责任感的专家形象。

3. 构建关系：公众环保权益的"同盟"与"对立"

"反 PX 派"专家主要提出两点风险主张，一是 PX 的"剧毒性"，二是"选址距离"太近，这直接关系到公众的健康和未来，甚至潜在危害祸延子孙。可以说其话语的出发点就站在了公众利益的立场上，成为公众利益的权威代言人。而与政府部门反复沟通，在全国两会联名提交报告，深入调查等一系列行动，彰显了"反 PX 派"专家作为公众利益代言人，在为公众争取利益时，勇于担当、尽职尽责的形象，从而与公众结成"利益同盟"。

"挺 PX 派"则将公众反对 PX 建设的主要原因归纳为两点：一是公众缺乏相关知识背景。多位专家认为 PX 项目遭遇了民众误解，主要是因为公众缺乏相关知识，并列举日本福岛核事故后国内出现的抢盐事件等案例来证明"抵制 PX 反映公民知识素养待提高"。二是归因于"自私"的"邻避效应"。专家认为还有相当多人即便认可 PX 的价值和风险可控，仍反对建在自己家附近，在这种"邻避"行为中，"有符合人性的自私心理在作怪"。通过些归因话语，强调发展 PX 是公共利益，突出自身无私利性，把支持 PX 的行为与私人利益区分开来。但客观上拉开了与公众的距离，树立了"反 PX 派"专家与公众环保权益对立的关系。

4. 构建符号系统与知识："科学"与"生活"话语的结合

双方专家都采用了科学知识与生活话语结合的方法，但具体表述上各有侧重。关于 PX 的毒性，"反 PX 派"专家用通俗易懂的生活话语构建了其

"危险化学品""高致癌物""对胎儿有极高的致畸率"的高风险形象。通过用"炒菜时往锅里添加酒或者醋"形容化工企业的跑冒滴漏现象，并类比已发生重大爆炸事件的吉化联苯厂，为公众建立了真实情景中的恐惧联想。在PX项目的选址上，"反PX派"专家的论述更为简单直接。例如赵玉芬院士提出"为了厦门的安全，PX项目至少要建在100千米以外"。"百公里安全距离说"由此而来。袁东星教授也曾通过列举韩国、马来西亚、泰国及国内一些PX项目与城市的实际距离，指出"厦门PX项目距市中心仅7千米，是目前国际国内距离最近的项目"。赵玉芬、袁东星等几位教授也对PX的毒性、项目的选址的风险及与厦门市城市规划的矛盾性都做出过专业的科学论证。

"挺PX派"专家在力证PX"低毒"的表述上主要使用了专业的科学话语，利用一些抽象的学术语言（如"半数致死剂量"）和科学理论（毒性的动物实验）为其公众及对手进行了科普，从而处于权威科学的位置上，为给PX正名谋求了合法性。同时，也与生活中常见用品进行了联系和对比，例如有人们熟知的"汽油""天然气"和"酒精"，甚至"咖啡""食盐""味精""咸菜"等食品。针对"百公里安全距离说"，金涌教授回应："国内外任何法律、法规、标准等规章制度都没有规定PX项目必须建立在距离居民区100千米以外"。"挺PX派"还引用了多个国际的案例和国内新疆、九江等PX项目，力证其"夸大其辞"不实之处。并通过引用国家石油和化学工业局制定的标准做出正式回应："依据风速和污染物的不同，防护距离有所不同，但标准中的推荐值一般都在1千米以下，PX当然也不例外。"

5. 构建意义："反建"与"挺建"的合法性争夺

如前文所述，"反PX派"专家通过塑造"PX"这一符号的高风险形象，构建了充满责任感、有良心的权威专家形象。通过诉诸相关法律法规，抓住"选址之悖"和"敏感环评"的漏洞，彰显"反PX"行为的正义感，从而赋予"反PX"以正当性、合法性，进而构建出"反PX"以保护环境、保卫家园、造福子孙后代的重要意义。"挺PX派"专家则通过广泛科普和"正名"行动，论述PX安全可靠，构建"挺PX"派理性、客观的权威专家形象。通过详述PX的生活、经济、环保乃至政治价值，详述发展PX与民生国计休戚相关，论证我国 PX 建设的重要性与必要性，从而赋予"挺 PX"以正当性、合法性，构建了发展 PX 所具有的超越时代的深远意义。

6. 构建联系："危害"与"价值"

"反 PX 派"通过类比双苯厂，结合生活话语和科学话语的论述，给 PX 贴上"剧毒""致癌""致畸"标签，塑造了 PX 项目"100 千米安全距离"的风险形象。从此，"PX"不再是不为公众所知的普通化工项目，而是与公众自身生命安全，乃至子孙健康都息息相关的高危化工项目。为什么要建设如此危险的项目？赵玉芬院士曾指出"年增 800 亿元 GDP，对于 2006 年 GDP 为 1126 亿元的厦门市来说，诱惑实在无法抗拒"。通过简单的推理可得，建立这样的高危项目是由于地方政府盲目追求经济增长，罔顾环境和公众健康，从而将矛头指向地方政府和相关企业。"挺 PX 派专家"在试图建立 PX 与公众之间正面的、重要的联系上，主要通过详细论述发展 PX 的价值来完成。一是强调 PX 的生活价值，指出生活中的 PX 用途广泛。曹湘洪院士提到"人们常喝的饮料塑料瓶、涤纶衣物、家里的窗帘、床上用品等，基础原料基本上都是 PX"。工程师曹坚曾强调："1 吨聚酯相当于 15 亩棉田的棉花产量"，PX 解决了棉粮争田的难题等。二是强调 PX 的经济价值。化工、纺织、期货等行业专家从化工产业对国家经济发展的角度，讲述不发展 PX 产业会带来经济风险，也与公众利益休戚相关。三是强调 PX 还具有一定"环保价值"。指出 PX 还是提升中国油品质量的主要物资保障，有专家还预测，未来汽油中 PX 的含量将占比更多。

7. 构建立场与策略："环保"与"发展"话语权之争

对 PX 的风险论述上，"反 PX 派"专家更多地采用通俗的生活化语言，采用简单易懂的短句展开论述，常诉诸主观、感性描述，论述环境困境，希望通过对环保、民权的呼吁，引发公众的共鸣。"挺 PX 派"更注重概念的严谨和规范性，使用大量数据、图表等对其观点进行严格论证，较为客观、理性地看待风险问题，论述可以通过科学技术解决环境难题。

在修辞策略上，双方专家都运用了类比、举例、互文的修辞手法，"反 PX 派"专家通过论证强调 PX 项目对当地居民健康和安全构成不可承受的风险，唤起民众对环境和健康的忧虑，总体上是一种"危害的修辞"。例如将PX项目类比发生重大事故的联苯厂，形象化了风险。简单列举部分国内外PX项目与城市的较远距离，得出国际上PX的"百公里安全距离"说。还援引环境相关法律法规及政策文件作为合法性证据。反PX派专家通过一系列感性化的描述突出和强调PX的巨大环境风险，彰显了环保主义立场。

"挺PX派"则力证我们可以同时拥有经济增长、环境保护和环境正义，采用的是一种让人安心的修辞手段（约翰·德赖泽克，2012）。例如为证实PX的低毒性，除了引述科学权威出处，还通过与各种生活日常品类比。在论述PX项目安全可控和发展必要性时，既建立起PX的民生、经济等宏大价值，也生动地讲述了"动物园也有风险""吸烟致癌""因噎废食"等故事。还多次应用互文手法，如援引"反PX"派专家的观点和主张，从对方论证中汲取营养，来回应、批评、推翻对方观点，从而占据主导地位。还以清华学子修改百度词条为例，采用"捍卫""坚守""胜出"等词汇，将清华学子对PX低毒特性描述的坚持，描绘成一场有责任有担当的严肃的追求科学真相的"正义之战"。总体来看，"挺PX派"专家站在科技立国的立场上，主要采用的是强调"发展"的可持续性环境话语。

（三）小结

根据吉提出的话语分析的七个维度和分析工具，对"反""挺"双方专家话语进行的上述分析，得出以下几点结论。首先，风险是不确定的，专家话语具有一定的"建构"作用。专家内部主要在PX项目风险大小，即毒性和选址安全距离上存在分歧。始于厦门PX事件时期，"反PX"派专家通过话语行动构建了"PX"的高风险形象，随后"挺PX"派专家"挺身而出"积极构建了"PX"的安全可靠。然而，结合双方的援引的存在矛盾的实证论据来看，"反PX"派专家声称的"剧毒、致癌、致畸"和"百公里安全距离"等论述是不准确的。而"挺PX派"的关于"低毒性"和"安全"

表述也存在局部可说明性和解释的弹性空间。① 可见，PX 项目既非"高风险"，也非"零事故"，也就是说，PX 的风险存在着很大的不确定性。无论是主张"风险"论还是"安全"论，专家话语的建构作用不容忽视。

其次，专家话语构建任务的执行效果，不仅取决于话语模式、修辞手段的选择，还受到专家立场的影响，是否关切公众切身利益是重要因素。PX 风险争议中，以调度代表客观、真理的科学知识为主的"挺 PX 派"专家并没有占据明显优势，公众更愿意相信"反 PX 派"专家对"风险"的生活化描述。对于不能确定的风险，由于专家观点并不一致，究竟哪种符合事实真相，一般公众难以彻查，出于自保"宁可信其有"。相对于国家发展战略层面的深远意义，公众更在意保护自身的环境和健康权益。

在当下中国，公众对以科学权威为代表的专家系统已显现出信任困境。不断加剧的科技风险迫使公众寄希望于从专家体制中寻求保障，但高科技事故的不断爆发又使公众对专家的权威地位产生怀疑②，而专家意见的分歧会进一步削弱公众对专家系统的信任。

最后，"反 PX 派"与"挺 PX 派"专家之争，实际上是两种环境话语的对峙，话语争论的背后则是双方专家不同的立场。"反 PX"派专家代表着环境保护主义立场，从"民权"的角度，为受影响的民众提出一系列主张，主要采用了"环境正义"话语。

"挺 PX"派专家则站在科技立国的立场上，主要采用的是强调"发展"的"可持续性"环境话语。值得注意的是，"反 PX"派专家主要是生活在厦门本地的高校科研人员，厦门 PX 项目迁址后便悄然隐退，而"挺 PX"派多为附属于政府部门或石化企业的研究人员。由此可见，进入公共领域的专家立场是一个社会化选择过程，专家意见本身可能并不是利益无涉的。

奎因在反思美国阿肯色州创世学审判的争论时，曾指出专家在从专业领域进入公共领域时要注意避免"脏手问题"。当专家卷入司法或政治活动时，

① 瑟乔·西斯蒙多. 科学技术学导论［M］. 孟强，等译. 上海：上海科技教育出版社，2007：28-30
② 乌尔里希·贝克. 风险社会［M］. 何博闻，译. 南京：译林出版社，2004：28-30.

其角色通常是为最后决策者的论证服务——建议、作证或说服。这些活动的规范和约束与他们学术环境下的活动迥然不同。①

专家在参与类似 PX 项目这样的决策活动时要非常谨慎，要努力避免由于沟通的失败、被误解和缺乏代表性所带来的危险②。也就是说，专家的立场是否中立，专家的观点是否代表同行共同体，专家如何避免专业表述造成的理解障碍和简化表述造成的理解偏差，以及大众媒介在报道争议性科学事件时，如何平衡新闻客观性和不确定性科技知识之间的矛盾等，这些问题都值得进一步深入研究和思考。

第三节　科学理性与社会理性的冲突与对话

转基因议题无疑是当代食品安全和科技风险领域最受关注的争议之一。随着 GMO 在全球范围的推广及应用，特别是 1996 年美国批准转基因农作物进行商业化种植之后，转基因在全球多地却遭遇到不同程度的质疑和抵制。关于转基因议题的争议已经远远超出科技领域，冲击到经济、生态、社会、伦理与政治等多个面向。

基因工程所衍生的科学复杂性与安全的高度不确定性，已渐脱离传统科学与科技的风险控制范式，以自然、科学为模型的传统风险评估已然失效。③数据显示，国内关于转基因话题的讨论引爆于 2012 年 8 月的湖南"黄金大米"事件，整体的讨论声量呈现上升趋势，可见其已逐渐跳出生物或农业领域，成为共同关注的公共议题。尤其是在转基因作物是否应大规模商业化种植、是否安全、是否应放开转基因主粮化等问题上，引发了专家与公众的巨

---

① QUINN P L. The philosopher of science as expert witness, But is science it？［M］. New York：Prometheus Books，1988：367-397.

② 张增一. 创世论与进化论的世纪之争——现实社会中的科学划界［M］. 广州：中山大学出版社，2006：39-40.

③ 周桂田. 独大的科学理性与隐没的社会理性之"对话"——在地公众、科学专家与国家的风险文化探讨［J］. 台湾社会研究季刊，2004（56）：1-6.

大争议。而围绕转基因问题而进行的争论，长时间占据转基因讨论的头条，却并未形成理性对话，加剧了"挺转"与"反转"阵营的对立，而在其中耗尽公众对转基因问题的关心，不利于达成对转基因问题的底线性共识。

转基因的风险不仅是一个科学问题，其争议背后，是科学理性与社会理性如何进行对话的问题①，这也是诸如 PX 项目、核能开发等新科技风险共同面临的核心问题。本研究并不过分讨论转基因的生物性风险认定，而是将焦点放在转基因议题的公共讨论上，正是这些公共讨论主要建构了转基因的社会风险。从这个意义上来说，转基因的公共讨论提供了观察科学理性和社会理性的一个重要场域，从中可以分析两种理性冲突背后所代表的社会价值，以及深层的社会结构因素和文化原因。

既往研究表明，随着知识的普及与产业科技的推广，公众对转基因技术的认识程度逐渐增加，但对其安全性仍然存在普遍的疑虑。如曲瑛德等对大陆 30 个省份进行的一项千人调查表明，了解转基因技术的公众比例仅为 21.73%，多数公众对转基因食品的社会影响仍认识不清。②

在转基因问题上，长期存在专家力挺与民众拒斥的争议状况，已有不少研究分析其中的影响因素，诸如受教育程度、科学知识、对政府及科学机构的信任度、媒体报道框架、环保意识等都被证明对转基因的接受度产生影响。如傅祖坛等通过行为模式检验，证明"科学与自然态度""客观基因科技知识"及"组织或政府信任"等变量对基改产品之接受性有显著影响。③不过，也有研究表明公众对转基因的风险意识与他们的生物知识水平没有相关性。④ 有研究指出，体制性信任（institutional trust），特别是对公共机构的

① 乌尔利希·贝克. 风险社会——通往另一个现代的路上 [M]. 汪浩，译. 台北：巨流图书公司，2003：44-45.

② 曲瑛德，陈源泉，侯云鹏，等. 我国转基因生物安全调查 I：公众对转基因生物安全与风险的认知 [J]. 中国农业大学学报，2011（6）：1-10.

③ 傅祖坛，卢淑芫，黄美瑛. 台湾民众对基因改造产品之接受度：一般化行为模式之提出及验证 [J]. 调查研究-方法与应用，2013（30）：97-127.

④ BROSSARD D, NISBET M C. Deference to scientific authority among a low information public: understanding US opinion on agricultural biotechnology [J]. International Journal of Public Opinion Research, 2007, 19（1）：24-52.

信任，是人们对转基因技术具有较低风险意识和较高接受程度的主要因素。[①]而当前社会科技系统与社会生活形成了高度的紧张关系，逐渐腐蚀人们对科技的信任[②]，导致公众无法再完全信任专家对转基因提出的风险判断。

现有研究虽然关注转基因的公众接受度及其影响因素，却鲜有真正深入分析转基因争论背后的社会原因。平川秀幸认为，转基因问题的基本争论，与其说是风险与风险治理问题的"处方"上的对立，不如说是思考这些问题本身的依据存在根本差异，也就是"问题框架前提"（framing assumption）的对立。[③] 这些问题框架前提主要包括：（1）对于社会来说，"什么是重要的威胁、何者该优先保护"这类的价值问题；（2）关于如何定义什么是"科学的"；（3）关于决策应该如何进行的问题。本书借鉴"框架前提"路径，对转基因在网络空间的讨论文本进行深入分析。

在研究方法上，目前大部分研究均使用问卷调查法，但它对考察转基因这一具有高度争议和复杂态度的问题具有较大局限性。首先，"问卷调查得出的结论是横截面数据（cross-sectional data），无法直接就因果关系做出回答"[④]。其次，即使是大型调查，样本量还是有所局限，难以反映转基因议题的争议焦点和话语权。加上国内近年来关于转基因的讨论主要都爆发于社交网络，网民的参与度远远高于普通民众，而一般的问卷调查容易忽视这类在舆论上具有话语权的网络群体。

黄彪文于2016年针对转基因争论中的科学理性与社会理性的冲突与对话做了相关研究，依托于"人民大学—TRS"大数据与公共传播平台，以"转基因"为关键词，全网采集到2012年8月30日（湖南黄金大米事件爆

---

① 贾鹤鹏，范敬群.转基因何以持续争议——对相关科学传播研究的系统综述 ［J］.科普研究，2015（54）：83-92.

② 周桂田.知识、科学与不确定性——专家与科技系统的"无知"如何建构风险 ［J］.政治与社会哲学评论，2005（13）：131-180.

③ 平川秀幸.基因改造食品的风险治理 ［M］.王佩莹，译.台北：群学出版有限公司，2015：181-213.

④ 贾鹤鹏，范敬群.转基因何以持续争议——对相关科学传播研究的系统综述 ［J］.科普研究，2015（54）：83-92.

发）至 2015 年 8 月 31 日三年的相关新闻报道共 194834 篇（含转载）、原发微博 803405 条（不含转发及评论）、微信公众号文章 143268 篇（不含转发及评论）、原发论坛帖子及博客 52832 篇（不含评论）。在此基础上运用大数据的分析方法，对网络空间的讨论文本进行情感词分析与主题词聚类，呈现转基因议题公共讨论的态度、议题框架以及阵营构成，最后再结合话语分析，对转基因的公共讨论背后科学理性与社会理性的冲突进行深层探讨。①

一、转基因议题的公共讨论：态度、框架与阵营

1. "反转"态度一边倒，常人倒逼专家

到目前为止，转基因尚未能从科学原理上被证明完全无害或确定有害，"因为科学技术手段还未能达到确切地了解和控制插入基因的位置、表达状态和全部影响"②。在专家看来，转基因的风险不确定性逐渐被诸多的实验结论证伪，国家在推动转基因作物应用上坚定不移。③ 然而从四类网络平台呈现出来的态度对比来看，网民的态度几乎一边倒地倾向于"反转"，就连标榜客观的新闻报道也都有 65% 的反对比例（图 2.3），这一压倒性优势至少和转基因科学技术"优势和风险并存"的现状是不相匹配的。反对转基因的比例也比以往文献的调查结果更高，可见在转基因议题上网民的意见比一般民众更为激进。

进一步地，从新闻、微信公众号、论坛、微博四大平台的对比可以看出，社会化媒体的反对比例要高于传统新闻媒体，普通公众参与度越高的社交媒体，其反对的比例越高，尤其是在微博上，反对比例高达 86.2%。可见，虽然在转基因的专业知识方面一直是科学理性独大，但在网络空间中，社会理性并不完全接受科学理性的解释，甚至形成了普通公众倒逼专家的

① 黄彪文. 转基因争论中的科学理性与社会理性的冲突与对话：基于大数据的分析［J］. 自然辩证法研究，2016（32）：60-65.
② 郭于华. 天使还是魔鬼——转基因大豆在中国的社会文化考察［J］. 社会学研究，2005（1）：85-112.
③ 贾宝余. 中国转基因作物决策 30 年：历史回顾与科学家角色扮演［J］. 自然辩证法研究，2016（7）：29-34.

局面。

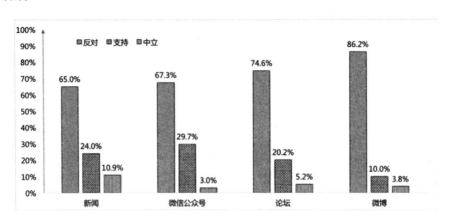

图2.3 转基因议题在各网络平台的态度偏向

2. 阵营加剧分化，精英解构专家

将转基因公共讨论中发声主体进行聚类分析，得出信源结构如下：在转基因议题中发声最多的是公共意见领袖，如崔永元、方舟子、顾秀林等，其代表的是精英理性；其次是专家学者和政府官员，主要代表科学理性；而公众居于第四位，代表常人理性。从信源结构来看，转基因的公共讨论是公共意见领袖裹挟民意与科学专家的对话，科学专家的权威在争辩中被解构。

在转基因问题上，"挺转"和"反转"两大阵营态度鲜明、截然对立，这对于一个仍在发展中的科技议题来说并不多见。

从内部组成结构来看，挺转阵营主要由生物科技、农业领域的科学专家组成，除了方舟子是民间科学家外，不少甚至拥有院士、教授头衔，是转基因领域当之无愧的权威。而相对"挺转"阵营清一色的科学专家，"反转"阵营的组成则更为多元：不仅有媒体人、学者等公共意见领袖，还有自然生态专家、NGO组织，甚至还有军事评论家。背景的多元使得反转派的声音更加多元，也更善于发声和传播观点，从而造成反转派在网络空间的整体声量要远远大于挺转派。

3. 议题针锋相对，真理越走越远

在分析转基因争论中的主要议题时，参考谢君蔚、徐美苓分析转基因新

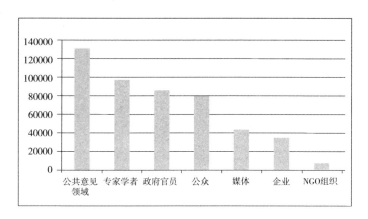

图 2.4 转基因各类信源的声量对比

闻时所使用的框架包裹（framing package）①，根据关键词聚类得出支持以及反对转基因的主要议题框架，结果如下：

支持转基因的主要框架有：（1）科学权威：用研究成果强调转基因技术在科学界及学术界的认可；（2）技术可靠：强调转基因并非破坏自然进程，和自然界的基因变异并无本质区别，符合实验规范和科学伦理；（3）食品安全，强调转基因产品在健康上的安全无害；（4）产业优势，强调 GMO 能抗病增产，对环境生态不会造成破坏；（5）国家发展，强调不发展转基因将会在农业转型中落败，无法解决未来的粮食危机等。

反对转基因的主要框架为：（1）潜在健康风险，强调转基因作物对人体的危害未知，长期影响尚未显现；（2）环境生态破坏，强调 GMO 对周围环境的不良影响以及可能导致的生态破坏；（3）商业利益驱动，认为转基因的背后是外国资本公司的支持，包括对科研的资助；（4）损害知情权，认为GMO 食品应该明确标示，对相关的潜在风险完全公开；（5）西方霸权等阴谋论，认为转基因是西方发达国家的一次生物入侵，甚至会造成人口灭绝等后果。

根据以上的议题框架，对数据进行标准化处理后，得出支持及反对转基

① 谢君蔚，徐美苓. 媒体再现科技发展与风险的框架演变：以基因改造食品新闻为例[J]. 中华传播学刊，2011（20）：143-179.

因的议题结构及其声量分别如下：

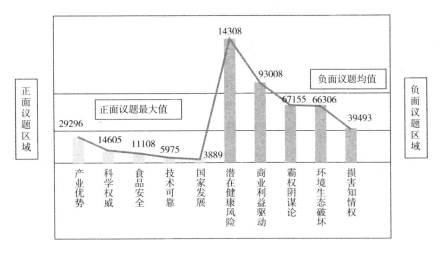

图 2.5   转基因争论中正反两方的议题框架

从图 2.6 看出，关于转基因的"进步"（正面）包裹中，最主要的框架是强调 GMO 的产业优势，如既增产又能抗虫害、减少农药使用等；其次是强调转基因技术的科学权威性，通常为引用专家身份或最新研究成果，试图把科学专家的权威转嫁到转基因技术的权威上；另外三个框架是强调 GMO 的食品安全、技术成熟可靠以及对国家经济发展的意义。"产业优势"成为进步包裹的首要框架，因为这方面在科学上的争议最小，在公众最为关心但具有争议的"技术可靠"以及"食品安全"等方面，专家反而强调不多。

相应地，在转基因议题的"危害"（负面）包裹中，食品安全等潜在健康危害被首要强调，因此成为反转的首要理由，"非天然""草甘膦""基因变异""致癌"等都属于此类的高频词，进步包裹中被回避的问题反而是危害包裹中最被强调的方面；其次是"商业利益驱动"，认为所谓转基因的安全证据都是科学家与企业联合制造的骗局，目的是为了推广转基因产品，那些所谓的研究也是拿了企业的资助，因此不具有可信性；其他框架如"霸权阴谋论""生态破坏论"也获得了广泛的关注。研究表明，在网络空间关于转基因的正面议题远远低于负面议题的声量；虽然正反两派的意见针锋相对，但反转议题并没有得到有效回应，甚至有些明显站不住脚的反转理由也任其在网络上发酵。正反双方各说各话，议题和观点都是单向、错位、非均衡的，由此更加剧了科学理性与社会理性的对抗。

二、科学理性与社会理性的"框架前提"差异

转基因议题在网络空间中的争议、错位，体现出科学理性与社会理性的冲突，但这种差异背后，本质上并非只是在转基因的风险判断以及治理办法的差异，而是思考这些问题本身的"框架前提"就存在对立。以下从"社会价值排序""科学模式"以及"决策模式"等三个方面，结合中国语境以及网络空间文本具体分析。

（一）社会价值排序：发展导向 vs 安全需求

转基因的风险争议背后，实质上代表了社会对"什么是重要的威胁？何者应优先保护"的价值排序，而在这点上政府及公众具有不同的考量。中国政府虽然对转基因推广保持较为谨慎的态度，但一直坚定支持转基因的科研和开发，以免落后于西方国家。例如 2015 年中央一号文件提出"加强转基因研究、科普"，2016 年一号文件更是明确"在确保安全的基础上慎重推广转基因"，都被认为是官方在转基因问题上态度逐渐明朗的信号。本研究搜集的文本中，"粮食""民族""祖国""生存"等关键词都和农业及相关政府部门具有很高的关联度。学者周桂田认为，后进学习、追赶以高科技为导向经济的国家，通常会在科技政策的策略上相对地重科研、轻风险。① 在"发展就是硬道理"等主流话语下，经济发展处于国家议题的优先序列，转基因当然要为农业发展和粮食安全服务，这种价值排序也深刻影响着科技工作者对转基因风险的评估和判断。

转基因代表了大规模、单一作物、工业化与追求经济效率的生产主义农业，然而，这种以解决粮食危机、社会发展为先的政策导向，会制度性地忽

---

① 周桂田. 在地化风险之实践与理论缺口——迟滞型高科技风险社会［J］. 台湾社会研究季刊，2002（45）：69-122.

视转基因这类新科技可能带来的风险，而这恰恰是公众所最为担心的。对公众来说，转基因的风险不仅仅和这一技术本身有关，它牵涉到近年来频发的食品安全危机，以及 PM2.5、PX 事件、核污染等环境与科技问题，现代化进程带来的"不确定"都会转嫁到转基因的议题上，这也是"潜在健康风险"成为反转首要理由的原因。公众并非不关注经济社会发展和粮食安全等问题，但转基因代表的大规模工业化农业不仅会给环境带来严重负荷，还会给健康和食品安全带来未知风险，规避这些风险的安全需求成为公众的首要价值。

（二）科学模式：坚实科学 vs 软性科学

长期以来，强调实证逻辑和价值无涉的科学理性，拥有一套自身的判知结构，这种所谓的"坚实科学"，重视和强调科学知识的"确定性""知识与方法的普遍有效性""价值中立"等原则。相应地，"软性科学"模式则重视不确定性，重视情境、知识、观点与价值观的不一致与多元性。近年来，越来越多的 STS 研究学者不仅关切科学技术的技术脉络，也在意其社会脉络；除了自然科学与工程学之外，也重视人文及社会科学。①

从争论焦点来看，转基因的讨论实质上是两种科学模式的争论：主流科学家在对某种新科技进行风险评估时，主要依据实验数据和结论，以科学安全性为风险评估范围，而未能把社会、环境、伦理等风险考量进来。而崔永元等公共意见领袖更加关注转基因的"风险社会扩大效应"（social amplification of risk），即通过不同风险来源（包括科学家、机构、利益团体）经由多重的转介机制传导给多元的接受群体，并在反馈与影响产生更强化的风险感知效果，而可能扩大为公众社会争议和恐惧的对象。忽视社会风险、企图适应所有情境、忽略科学背后的价值导向，都使得"坚实科学"模式在进行风险判断时有些脱离现实，形成官方的支配性论述也难以说服公共意见领袖以及社会公众，以致专家在"崔卢之争"等事件中屡屡受挫。

①　平川秀幸. 基因改造食品的风险治理［M］. 王佩莹，译. 台北：群学出版有限公司，2015：181-213.

（三）决策模式：独大 vs 多元

长期以来，科学专家和政府是科技议题的绝对权威，把持着专业意见的发布与解释权；主流科学理性的论述，核心影响着风险的定义、范围及结果。

在这种以科学为主导的决策模式下，社会理性或生态理性都在此风险系统中被隐没和隐默，失去了与科学理性竞争、对话的制度机会。① 随着互联网及社会化媒体的崛起，专家在转基因问题上的信息垄断被打破。互联网以其强大的时空重组、信息传播和关系连接能力构建了一个迄今为止最为广阔的表达、行动空间。在时空边界模糊的广场上，亿万民众获得了空前的表达、交往机会，甚至可以发起虚拟与现实协同的社会行动。② 话语权的重新分配，改变了转基因问题上以科学为主导的决策模式，公共意见领袖与公众的声音不得不考虑进来，话语和决策方式都更加多元。

需要讨论的是，虽然以往独大的科学决策模式没有重点考虑公共意见领袖以及公众的反馈，但目前公众倒逼专家的多元决策方式也并非毫无问题。科学权威去魅之后，一些公共讨论呈现明显的庸常化、情绪化、娱乐化等倾向，原本就难以抵达的真相和意义在众声喧哗中变得更加渺茫。在关于转基因的决策模式上，既不应该完全由科技专家主导，但同时也需要在保证专家权威性的同时，推动决策程序和规范的标准化、透明化与开放性，促进各方的理性讨论和共识。

本书将焦点集中在转基因问题的真正战场——网络公关空间——的讨论上，借助大数据的分析方法，研究发现转基因的公共讨论在倾向、议题和阵营上的特征，体现出科学理性和社会理性的巨大冲突，尤其是在议题上，科学理性和社会理性讨论的议题存在巨大错位，两者并没有形成有效对话。这一冲突的背后，是社会价值排序、科学模式以及决策模式等"框架前提"差异。

近年来许多科技与社会的研究都强调，面对新兴科技风险，民众并不是"无知"的，在转基因等新兴科技上，弥合科学理性与社会理性的关键，不

---

① 周桂田. 独大的科学理性与隐没的社会理性之"对话"——在地公众、科学专家与国家的风险文化探讨［J］. 台湾社会研究季刊，2004（56）：1-6.
② 胡百精. 互联网与对话伦理［J］. 现代传播，2015（5）：6-11.

是提高对科技的理解程度，而是增加其对科学家、产业及国家的信任。① 重新建立公众对专家系统的信任，树立科学系统的权威，是科学理性与社会理性从对抗走向协商的必然出路，也是促进转基因讨论形成共识的解决之道。面对转基因等新兴科技中科学理性和社会理性的冲突，必须积极地建构开放对话、多元专业、公众参与的风险沟通与评估制度，社会上形塑自主、开放的科技学习过程，逐步发展出透明、民主的科技决策模型。

第四节　媒体报道：科技争议的报道策略

公众对于科学和技术的理解在很大程度上受到科学发展和政策的影响。② 对大多数公众来说，科学知识主要来自媒体报道，而非科学成果的发布和学术发表。正如内尔金指出的，公众的科学知识很少源于自己过去的经验和学历，而更多的构建自媒介报道的语言和形象。

媒体对于科学的报道也如一般新闻报道一样，是以一个一个的科学事件为基础，这些科学事件需要是新近发生的，或是有新的关注点。由于科学知识在人们日常生活中并不引人注目，比如即使某人度过了一个有史以来最炎热干燥的夏日，他也很难直接把自己的生活经历和科学证据进行关联，而将其进行关联和阐述的往往是媒体。那么媒体在吸引受众的关注力的时候，也为了突显新闻价值，就更可能倾向于报道争议性的科学事件。如果某个科学议题引起了科学家们对于真理的争论，那么争论的视角对于新闻人来说就更具吸引力，记者会在一定程度上鼓励此种争论。当学者们开始对涉及经济、政治、文化相关的科技问题进行争论时，社会争议也就相伴出现。更多的政

---

① MACNAGHTEN P，KEARNES M B，WYNNE B. Nanotechnology, Governance, and Public Deliberation：What Role for the Social Sciences? [J]. Science Communication，2005，27（2）：268-291.

② NELKIN D. Science Controversies：The Dynamics of Public Disputes in the United States [M] //Handbook of Science and Technology Studies. London：SAGE Publications，1994：533-553.

界、经济界人士和科学家会加入对社会风险和科学伦理讨论，成为社会热点议题。

对科技争议议题的讨论，我们首先需要明晰几种类型。第一是对科学结论的争议，即科学家们对某种科学技术的发展，进行的正确或错误的、风险和收益的、伦理的争论，比如对转基因的争论，争议是针对转基因技术本身。此种争论涉及科学的权威和信任。第二种是对科技成果的使用层面的争议，而非科学技术本身的争议。比如有机食品在中国是有争议的，但是这种争议是集中在真假问题、标示问题和市场问题，也就是说争论的是有机的标准、市场价值等外在的东西，而没有涉及科学的权威和信任这个层面。本节希望探讨的是第一种对科学结论本身的争议，这种争议也最能体现科学的可证伪性。

一、科技争议的报道现状

（一）气候变化议题的媒体报道现状

在环境气候问题日益成为受到政治壁垒影响的风险议题时，发展中国家新闻工作者和西方发达国家新闻工作者在不同的报道理念指导下进行风格迥异的环境新闻报道实践，媒体气候变化话语的确存在裂谷式的差异。

1. 我国媒体的报道现状

以往学者对《人民日报》《中国日报》《科学时报》和《南方周末》等媒体以及人民网、新华网、新浪网、环保 NGO 官网等网站的报道内容做了大量研究，发现媒体气候变化报道呈现出以下特色：（1）报道量快速上升并有起伏；（2）重视国际新闻和科学新闻；（3）保持客观倾向并倾向乐观；（4）消息依赖政府和科学机构；（5）侧重消息、通讯、专访体裁；（6）报道版面集中在重要版位。[①] 气候变化报道以传递信息、宣传党的政策为主，

---

① 许冠宁. 报纸气候变化报道研究［D］. 长沙：湖南大学，2011.

因此报道的框架单一；开始利用恐怖诉求来引起受众对气候变化问题的重视。①

《人民日报》是制度性的写作风格，即庄重大气、稳健内敛。在总体风格上呈现出直白淳朴的特点。主题上较为关注宏观局面，叙述时在修辞上基本上不作为，极少使用讽刺、隐喻、转喻等批判性手法。语态多数为主动语态。② 消息字数较少、简明扼要；观点和立场显得更为客观，善于通过旁敲侧击来达到传播目的。《人民日报》政治议题比例过大，科技议题和环境议题占比过小，更强调政府的呼吁和参与。③

《中国日报》的报道在遵循新闻媒体的行业规范的同时也试图宣扬环境保护观念，引导读者加入环保行列；在新闻作者倡导生态和谐的总体导向下，正面的态度评价多于负面评价，对于环境及相关举措报道者呈现了积极的态度。④

《南方周末》气候报道多加配图、漫画，既入木三分，又让读者兴味盎然。一图胜千言，新闻图片可以快速地传播信息，更直观更可信，比文字表现出更强的震撼力和感染力，对受众的冲击感更强。⑤ 其中《南方周末·绿色版》的环境议题具有一定的高度和前瞻性；坚持深度挖掘的独家风格，保持客观公正的报道立场；叙事视角丰富多样，深刻发挥"讲故事"的叙事风格，在深度与趣味相融的报道中向公众传递风险认知，增加了内容的可读性进行必要的风险预警。⑥

对于网站上的低碳生活议题报道，主要以积极正面的报道立场为受众呈

---

① 孟文瑶. 改革开放以来《人民日报》气候变化报道的发展研究 ［D］. 开封：河南大学，2019.
② 蔡晶晶. 中美环境新闻框架比较研究 ［D］. 武汉：华中科技大学，2011.
③ 高瓴. 联合国气候大会的环境新闻报道：冲突、协商与调整——以《人民日报》和《华盛顿邮报》为例 ［J］. 科技传播，2018，10（9）：16-19.
④ 向晓娜. 环境类新闻语篇的评价意义研究 ［J］. 东莞理工学院学报，2020，27（6）：53-58.
⑤ 宋昆婕.《南方周末》气候报道的图景与框架研究 ［D］. 武汉：中南民族大学，2018.
⑥ 尤悦.《南方周末·绿色版》环境新闻报道（2015—2017）研究 ［D］. 长沙：湖南师范大学，2019.

现多样化的低碳生活议题，注重倾听公众的声音，综合运用了文字、图片和视频相结合的报道形式，借助微博、微信等社交平台增加与受众的互动。①

新华网世界气候大会报道呈现一套相对独立的表述体系，具有自己的文本特征、话语风格和意义模式，且气候大会报道在历时性进程中呈现流变态势。报道内容贴近政治、偏离环保，报道强调中国环保贡献，多元丰富的主流视角，语言风格由通俗向严肃转变，新闻体裁从消息向深度报道转变，多媒体手段从单一密集向多元混合变化，报道从分散向集中转变，报道分发平台从网站向客户端转移的趋势。②

网易"数读"栏目的数据可视化是图像社会的信息呈现方式之一，它在以环境污染为现实背景、可视化为表征手段、大数据为技术支撑的传播场域下，对环境风险进行了有效锚定与精确描绘。基于数据新闻的环境风险报道具备可解释的视觉话语结构。③

台湾地区的相关报道主要以气候异常的叙事类型，凸显的叙事元素包括场景、事件、时间关系与叙事者，其强调在地与常民专家的说法，与规律、和谐的环境观点。④ 根据风险社会与风险沟通的理论，台湾《联合报》1998—2007年全球变暖报道数量与趋势都有明显变化，2001年与2007年的数量最多；议题主题较为多元，先以风险成因、冲击面为主，而后转变为冲突与归因面，最后则以治理面的主题为主。在报道观点部分，则是倾向支持暖化论的单一观点，鲜少出现反对声浪；在报道主轴方面则是强调个人节能减碳的因应作为，以灾难的恐惧要求强化暖化意象，未能针对气候变迁成因与具体影响做更深入的剖析。⑤

---

① 朱哲萱. 环保议题的媒介建构［D］. 武汉：华中科技大学，2015.

② 王梦影. 新华网世界气候大会报道研究［D］. 长沙：湖南大学，2017.

③ 张小芸. 环境风险大数据新闻的可视化报道话语分析［D］. 武汉：华中科技大学，2019.

④ 殷美香. 走出末日预言的叙事观点：台湾气候变迁新闻论述分析［C］//2013年"两岸三地五院研究生研讨会"论文集. 北京：社交媒体、大数据与文化——2013年"两岸三地五院研究生研讨会"，2013.

⑤ 徐美苓. 台湾气候变迁新闻报道的特色与问题［C］//2011气候变迁、风险治理与公众参与研讨会. 台北："台湾大学国家发展研究所科技政策与风险治理研究中心"，2011.

2. 外国媒体的报道现状

在英国、美国和澳大利亚的媒体报道中，经常发现科学不确定性框架的不同表现形式，包括对科学调查中"正常"不确定性的描述，或对气温上升、其人为原因或其可能影响的不同类型的气候变化"怀疑"的例子。①

我国学者对美国的媒体报道展开了大量的研究，主要发现《纽约时报》的语言风格是商业性的写作风格，即犀利睿智、张扬恣肆。能够将复杂的环境专业术语转换为读者容易理解的话语，深入浅出地传递事实信息和观点。②《纽约时报》环境新闻报道呈现出多样化、风险化和人性化的特点，其中多样化主要体现在报道体裁的多样化、消息来源的多样化和报道主题的多样化。其环境报道注重科学性、强调调查性及立足全球视野的写作模式。③

《华盛顿邮报》报道强调通过科技手段进行环境保护，侧重分析环境报道的影响和危害。④《科学美国》（*Scientific America*）的报道涉及伦理问题时，既有客观陈述，也有主观分析，起到了应有的舆论引导功能。⑤ CNN 有关环境议题的电视新闻报道，分析科学话语如何通过新闻图片的修辞手段实现视觉表达。研究发现有情景、有形象的新闻故事引用权威科学机构的图片更有说服力唤醒更多公众觉醒。好的新闻图片只需寥寥数语就能实现很好的传播效果。⑥

在对日本的气候报道研究中发现日本媒体很注意用数字数据说话，直观地加深了老百姓对气候变暖的意识和危机感。⑦

新的数字媒体在投融资模式、发行策略、企业组织文化以及编辑优先级

① PAINTER J, GAVIN N T. Climate Skepticism in British Newspapers, 2007 - 2011 [J]. Environmental Communication A Journal of Nature and Culture, 2016, 10 (4)：432-452.
② 蔡晶晶. 中美环境新闻框架比较研究 [D]. 武汉：华中科技大学，2011.
③ 牛媛媛.《纽约时报》2007—2011 年中国环境新闻的报道研究 [D]. 西安：陕西师范大学，2012.
④ 高瓴. 联合国气候大会的环境新闻报道：冲突、协商与调整——以《人民日报》和《华盛顿邮报》为例 [J]. 科技传播，2018, 10 (9)：16-19.
⑤ 郜书锴. 略论气候新闻的伦理立场与报道策略 [J]. 东南传播，2009 (11)：10-11.
⑥ 薛诗怡，叶珲. CNN 环境图片新闻的视觉修辞探析 [J]. 电视研究，2019 (9)：80-82.
⑦ 陈锐. 日本媒体：气候变化报道的民生视角 [J]. 中国记者，2007 (8)：25-26.

方面与传统媒体不同①，它们还提供不同类型的报道，广泛利用 Facebook、Pinterest、Snapchat 和其他社交媒体平台传播内容，此外，它们将环境报道列为高度优先报道的内容，一方面是因为环境报道在许多传统媒体中被边缘化②③，另一方面是这些数字媒体热衷于更直接地与对该主题感兴趣的年轻受众接触④。

目前网络和社交媒体的气候传播有三个比较显著的特征，第一是社交媒体平台关于气候传播的报道数量大且呈上升的趋势，第二是社交媒体对气候变化的传播内容质量低，歪曲事实的现象多有出现，第三是社交媒体这种在线的传播和交流方式并没有比传统的线下报道和交流更优，主要原因在于在线的表达是有限的且是无组织的。

在线气候变化传播的效果可以从两方面来看，首先是大众关于气候变化传播的知识通过在线媒体的传播得到了提升，其次是大众并没有因为在线媒体的报道而做出更多改善气候恶化的行为，但一些特殊的受众对社交媒体的参与产生了特殊的效果，比如一些关注气候变化和发展的科学家对社交媒体的使用得到了广泛关注。

总之，对中外媒体的报道进行对比研究后发现，中美双方均大量运用了空间趋近策略，强调外部实体对内部实体具有致命威胁；中美双方时间趋近策略的运用表现出过去曾经发生和将来可能发生的冲突正向"现在"时间轴逼近，凸显紧迫性，呼吁公众立即采取行动应对；中方采用的价值趋近策略主要聚焦积极的生态意识形态，而美方价值趋近策略的运用则凸显出"人类中心主义"的破坏性生态意识形态。

---

① ARNELL N W, BROWN S, GOSLING S N, et al. The impacts of climate change across the globe: A multi-sectoral assessment [J]. Climatic Change, 2016, 134 (3): 457-474.

② FRIEDMAN H. Science and the Public: Debate, Denial, and Skepticism [J]. Journal of Social and Political Psychology, 2015, 4 (2): 537-553.

③ BOYKOFF M T, YULSMAN T. Political economy, media, and climate change: sinews of modern life [J]. WIREs Climate Change, 2013, 4 (5): 359-371.

④ RAINTER J, GAVIN N T. Climate Skepticism in British Newspapers, 2007 - 2011 [J]. Environmental Communication A Journal of Nature and Culture, 2016, 10 (4): 432-452.

　　相同之处在于，第一，风险议题是媒介风险报道的重要影响因素。媒介中风险信号的增强风险议题也随之向高层次议题转变。第二，风险的灾难性后果和风险争议是媒介关注的共同焦点。不论是从正面的、肯定的角度呈现还是从负面的、批评的角度呈现风险争议是媒介共同的焦点。第三，自身利益是风险报道的共同新闻视角。无论是单一地从国家利益着眼还是从多方利益入手媒介都从利益这一相同的视角建构风险。①

　　不同之处在于，美国媒体报道取向为风险忧虑与质疑发展，而中国媒体报道取向为科学发展与责任共担取向。② 中国的气候变化新闻报道更倾向于把权威当作主题；美国的气候变化新闻报道中经常出现有关组织和美国党派与公众观点上差异，但在我国气候变化新闻报道中很少出现；我国气候变化新闻报道中的主题会涉及美国等许多国家，而美国的气候变化新闻报道中很少涉及其他国家。③

　　3. 外国媒体报道中的中国环境形象

　　《纽约时报》通过议题的倾向、新闻报道的强化与弱化、话语置换与议题转移等叙事策略，所塑造的中国环境形象是负面为主的。④ 从 2007 年到 2018 年，《纽约时报》建构的中国环境形象经历了分别以"碳排放量大的污染国""积极寻求环保清洁能源的国家""备受关注的气候政治推动国"为阶段性特征的演变，该演变以《纽约时报》的环境伦理观、环境价值观为核心，与中美两国领导人环境外交政策的走向密切相关。⑤

　　在《纽约时报》关于中国的报道中，无论是出于风险社会意识、记者的职业责任感还是国家利益或其他的原因，报道内容主要还是集中在中国的环境所出现的环境污染、自然灾害、虐待动物等问题上。而且针对这些已经出

---

① 陈潇潇. 全球变暖风险的国际媒介建构［D］. 武汉：武汉大学，2010.
② 蒋晓丽，雷力. 中美环境新闻报道中的话语研究——以中美四家报纸"哥本哈根气候变化会议"的报道为例［J］. 西南民族大学学报（人文社科版），2010，31（4）：197-200.
③ 哈长辰，张炼. 中美气候变化新闻报道的生态批评性话语分析［J］. 教育文化论坛，2018，10（4）：111-114.
④ 李余三.《纽约时报》镜像下中国环境形象的建构［D］. 武汉：湖北大学，2016.
⑤ 禤谊. 美国主流媒体建构的中国环境形象变迁［D］. 广州：暨南大学，2019.

现的环境问题，记者几乎从不提出应对措施和解决方案。这种写作方式只能展示中国不良形象，却不利于整个环境问题的改进和最终解决。①

和美国媒体的倾向性一致，对 2005—2009 年英国主要报纸（《泰晤士报》《卫报》《每日电讯报》和《独立报》）中涉及中国的气候变化报道进行研究，发现英国平面媒体中在气候变化方面总体上呈负面的中国形象。②

（二）疫苗接种议题的媒体报道现状

疫苗的研发和接种是全球抗"疫"的阶段性胜利，但世界各国普遍存在对疫苗有效性和安全性的质疑。事实上，自疫苗诞生以来，人类对疫苗的质疑和抵制从未消散。例如，20 世纪 50 年代瑞典、日本和英国等国曾爆发过多次有组织地抵制"全细胞百日咳疫苗"的社会运动。而公众在疫苗接种这一事件上，介于全盘接受和坚决抵制之间的态度，即所谓的"疫苗犹豫"③。

2012 年，世界卫生组织（WHO）免疫策略委员会疫苗犹豫工作组对"疫苗犹豫"进行了定义，认为"疫苗犹豫"是一种受到多种因素影响接种疫苗的行为④。同年，美国免疫专家战略咨询组（SAGE）对"疫苗犹豫"的含义和成因首次进行了较为系统的研究。他们指出，应当把人们对待疫苗的态度看作一段连续的"光谱"，在接种疫苗一事上处于犹豫和迟疑态度的人群属于"积极接种者"和"疫苗反对者"之间的"异质群体"。

"疫苗犹豫"的成因一直是医学、心理学、公共政策和新闻传播等学科交叉研究的重要课题之一。众多研究者为"疫苗犹豫"现象构建了影响因素模型，对信任的分类十分详细并不断丰富完善。2011 年，欧洲免疫战略咨询专家组提出调整免疫计划，将疫苗接种的影响因素分为四类：环境和机制因

---

① 牛媛媛.《纽约时报》2007—2011 年中国环境新闻的报道研究 [D]. 西安：陕西师范大学，2012.

② 刘坤喆. 英国平面媒体上的"中国形象"——以"气候变化"相关报道为例 [J]. 现代传播（中国传媒大学学报），2010（9）：57-60.

③ 史安斌，李雨浛."疫苗犹豫"中的媒体角色：平台治理与叙事重构 [J]. 青年记者，2021（9）：90-93.

④ 周敏，王文杨. 健康信源与疫苗接种意愿：以信任为中介变量的实证研究 [J]. 教育传媒研究，2022（1）：29-34.

素、社会支持因素、个人动机因素、卫生工作者影响。2015 年，世界卫生组织（WHO）疫苗战略咨询专家组在上述模型基础上进行了概括，其模型包括三个方面：背景因素；个人和组织影响；疫苗与接种。①

国内众多学者也对"疫苗犹豫"的影响因素模型进行了分析和总结，史金晶等在研究中发现，"疫苗犹豫"十分复杂且具有环境特异性。② 张佩雯等认为，"疫苗犹豫"受到信心的影响，即受到对疫苗有效性和安全性，以及对提供疫苗的卫生服务体系的信任的影响。③

综上所述，"疫苗犹豫"绝非一个单纯的医学问题，而是一个受到社会认知、媒体传播、个人背景等多种因素影响而导致的社会现象。因此，回应公众的"疫苗犹豫"并不能仅仅把目光放在疫苗安全性和有效性的提高上，信息源和信息传播的方式同样重要。

媒介报道作为信息源之一，承担了向公众传递疫情动态和疫苗进展的重要责任，影响着公众对疫苗接种事件的认知和态度。随着互联网和移动终端的普及，媒介报道的形式愈发多样化。学者们从不同形式的媒介报道和研究视角出发，采用定量、定性或者两者结合的方式来研究其在新冠疫苗接种中的角色与作用，并基于相关研究结论给出建议与对策。

1. 线上媒介报道

喻国明、杨雅、陈雪娇三位学者基于微博、抖音、今日头条、哔哩哔哩、知乎等五大互联网平台上与"疫苗接种"相关数据（共计 104 万条评论数据），采用情感词库与智能化话语分析的手段进行数据处理，深度地分析探究社会环境以及媒体报道如何影响全国居民对疫苗接种事件的主观认知和行为意愿，得出了"公众的认知偏差在很大程度上受国外疫苗负面报道影响""适度报道疫情的负面信息有助于唤醒公众的风险感知，促进公众接种

① 周敏，王文杨. 健康信源与疫苗接种意愿：以信任为中介变量的实证研究 [J]. 教育传媒研究，2022（1）：29-34.
② 史金晶，唐智敏，余文周. 疫苗犹豫现状及其应对措施 [J]. 中国疫苗和免疫，2019，25（4）：481-486.
③ 张佩雯，尹遵栋，邱译萱，等. 疫苗犹豫现状与免疫规划中的健康教育策略 [J]. 中国健康教育，2020，36（10）：925-928.

行为"等八大结论。①

　　同样是通过互联网平台搜集舆情数据，李华从科学传播视角，使用社会网络分析和内容分析方法（NodeXL），对推特上疫苗的相关议题及其话题子群进行分析，发现国外疫苗的科学传播以西方大众传媒为主，政府机构为辅，二者议题构建偏向不同。② 政府机构构建的关键议题，聚焦在疫苗的成分、机制原理、使用以及注意事项等，切合突发公共卫生事件中民众最渴求的信息需要。而西方媒体，则更多地着眼新闻动态，追求点击量，背后是商业利益的考量，未能及时回应公众面对危机时的信息诉求，浅层的宽泛介绍多，深入的解释思考少。且部分西方媒体在新冠疫苗的报道中渗透意识形态偏见，坚持民族主义立场。

　　潘力、余晓青、李红秀三位学者也是基于科学传播的视角，采用内容分析法，选取人民日报、央视新闻和澎湃新闻在抖音平台发布的 211 条疫苗报道进行研究，分析了主流媒体在短视频平台中有关疫苗报道的传播现状及效果。③ 其研究发现主流媒体对于"科学方法和原理"以及"科学精神"涉及的都较少。他们的报道大量集中在疫苗研发的进程和接种的注意事项上，对于疫苗的有关知识和原理传播得较少，这导致公众疫苗常识的缺失，对于接种疫苗的安全性保持警惕的态度。

　　同样也是从科学传播视角出发，王志芳从微信公众号这一平台入手，通过统计自疫苗研发以来，新华社、人民日报、央视新闻为代表的主流媒体公众号，科普中国为代表的公共性科普类公众号，混知、酷玩实验室为代表的优质科普类自媒体公众号，所推送的"疫苗"专题文章的传播情况。在此基础上分析传播内容及其中的科学元素，总结出各类平台的传播特点：主流媒体公众号是疫苗信息传播的主渠道，推送的信息快而多；公共性科普类公众

---

① 喻国明，杨雅，陈雪娇. 平台视域下全国居民疫苗接种的认知、意愿及影响要素——基于五大互联网平台的舆情大数据分析 [J]. 新闻界，2021（7）：64-72.

② 李华. 对西媒新冠疫苗报道的专业性审视与思考——基于推特数据的社会网络分析 [J]. 中国记者，2021（3）：24-27.

③ 潘力，余晓青，李红秀. 主流媒体有关新冠疫苗的短视频报道探析 [J]. 青年记者，2022（4）：58-59.

号是新冠疫苗知识的传播者，是公众获取疫苗知识的重要平台；优质科普类自媒体公众号是高质量疫苗知识的生产者，推送的内容少而精。①

2. 线下媒介报道

即使网络已经成为人们获取信息的主要途径，但海报和标语仍是宣传新冠疫苗接种重要的媒介报道。夏德梦以视觉语法理论②为指导，从中国公益广告网的六张疫苗接种海报中，选取一张作为研究对象，以定性的方法解析了该海报的制作者是如何通过图像、色彩、文字等不同模态影响人们的看法与态度，使观看者更易于接受海报传递的隐含意义。③

杨红星、廖秀清则通过搜集疫苗接种标语实例，总结并验证了标语的有效性应该从"引起注意""易于记忆""便于践行"三点出发。④

3. 传统媒体的报道

新媒体时代，主流媒体仍然具有高传播力和影响力。梅玉婷着重梳理分析了中央广播电视总台新闻中心央视新闻微博在此次疫情报道中的表现，认为该微博作为主流媒体的新媒体平台，通过高频更新、全天直播、及时互动等，最大限度地做到了信息公开，在传递信息、抑制谣言、安抚情绪、回应关切、助力抗疫等方面都起到了积极有效的作用。⑤

韩美兑、曹金、许斌三位学者基于计算语言分析方法，从属性层面出发，对中美主流媒体新华网和《纽约时报》一年来3000多篇有关疫苗的新闻议题进行对比研究，发现两国媒体既有共性又有各自的特性。在议程设置中，双方均涉及全球化、疫苗公共政策、科学成就、疫情基本信息、责任等

---

① 王志芳. 微信公众号发布"新冠疫苗"专题的特点分析与启示——以传播力较大的主流媒体及科普类微信公众号为例 [J]. 学会，2021 (6)：42-46.

② KRESS G，VAN L T. Reading Images：The Grammar of Visual Design [M]. London：Routledge，1996：230-240.

③ 夏德梦. 视觉语法视角下新冠疫苗宣传海报的多模态话语分析 [J]. 品位·经典，2021 (23)：66-68，92.

④ 杨红星，廖秀清. 如何增强标语的有效性——以新型冠状病毒疫苗接种宣传标语为例 [J]. 应用写作，2021 (7)：31-32.

⑤ 梅玉婷. 信息公开就是最好的疫苗——对总台新闻中心微博抗击疫情报道的分析 [J]. 中国广播，2020 (4)：35-37.

五大议题，但美方还包含经济及政治选举议题。在责任议题和全球化议题方面，中美主流媒体报道内容呈现异质化，中国在责任议题的微观归属中强调政府的责任，美国则突出制药企业，从全球化视野的宏观层面上，中美选择关注不同的国家和议题内容，形成负责任的"疫苗大国"与"疫苗民族主义"的国家形象。①

基于科学传播视角，不同的媒介报道具有不同的传播特点和优势。主流媒体凭借其口碑和权威性，其传播的信息更容易获得公众的信赖，但非主流媒体在常识补充和科普方面发挥着不可替代的作用。而国内外的主流媒体在"疫苗"这一议题下既有共性也有个性，其媒体报道内容也根据立场呈现异质化。因此在新冠疫苗接种这一主题下，应发挥主流媒体的引导宣传作用，调动非正式信息渠道的补充作用，形成有序、良性的信息场，提升公众接种疫苗的意愿和认知，同时也需理性看待国外媒体疫苗报道中的中国形象。

二、争议性科技报道存在的问题

（一）目前报道的主要问题

我国科技报道的新闻占比偏低，科技新闻受重视程度明显不足是基本现状。② 选题受事件驱动和危机驱动，架构上扩大争议、建构冲突。③ 对科学问题表述不审慎甚至有明显倾向性的报道数量非常多。④ 争议性科技报道的消息来源与报道体裁单一，形成了以科学家为中心的话语态势。⑤ 报道框架较为单一，尤其是转基因的报道，忽略了历史报道、结果影响、归因与预测

① 韩美免，曹金，许斌. 基于 LDA 模型的中美主流媒体"疫苗"议程设置及属性分析——以新华网和《纽约时报》为例［J］. 科技传播，2021，13（18）：7-12.
② 黄天祥，王学锋. 科技报道及科普宣传现状调查［C］//全民科学素质与社会发展——第五届亚太地区媒体与科技和社会发展研讨会论文集. 北京：第五届亚太地区媒体与科技和社会发展研讨会，2006.
③ 肖显静，屈璐璐. 科技风险媒体报道缺失概析［J］. 科学技术哲学研究，2012，29（6）：93-98.
④ 叶铁桥. 媒体科普报道的是与非——以转基因食品报道争议为例［J］. 新闻界，2014（10）：25-27.
⑤ 汪雨芹.《中国科学报》"争议性科技议题"报道研究［D］. 长沙：湖南大学，2015.

的报道。① 单纯采取民粹主义和民族主义的立场，一味在冲突框架中进行道德审判和制造恐慌，那不但会导致广泛对话的努力成为泡影，而且会阻碍社会的进步。② 在报道语言上，科技新闻的科普性有待加强，专业术语的转化程度不够。③

　　具体来看，对党报科技报道的研究中发现传统的政府发布信息和科研宣传模式与公众和媒体的需求错位，报道相对集中于动态性、实用性信息，应该扶持以社会效益为中心的科技报道。④

　　在食品危机的报道中，由于科技新闻背景不足，科技新闻把关不严，媒体科学素养不高的原因，产生了公众报道、真实报道和科学报道缺失的问题。⑤

　　在对麻疹疫苗的科技报道研究中，我国以集中统一的科技报道模式为主，此种模式要求媒体给公众提供清晰、统一的健康信息。提供单一的信息可以避免给大众因为各类信息的干扰所产生的疑虑和困扰。有学者认为媒体同时需要平衡其作为讨论平台的模式，需要自由传播争议内容和危机信息。⑥

　　国外的争议性议题的报道中同样存在问题，尽管科学家通过媒体报道尽可能地去普及科学、健康和风险信息，但是公众对这些领域的热点议题依旧呈现出各种各样的错误认知。皮尤研究中心 2013 年调研发现 26% 的美国公众坚信全球气候变暖并没有确凿的证据，即使媒体已经报道了有大量的研究

① 陈曼琼.科学网转基因新闻框架研究［D］.长沙：湖南大学，2015.

② 范敬群，贾鹤鹏，艾熠，等.转基因争议中媒体报道因素的影响评析——对 SSCI 数据库 21 年相关研究文献的系统分析［J］.西南大学学报（社会科学版），2014，40（4）：133-141.

③ 刘梓娇，李志红.中美新闻周刊科技报道比较研究——以《三联生活周刊》与美国《时代》周刊为例［J］.自然辩证法研究，2012，28（9）：71-76.

④ 莫扬.党报科技报道内容分析与思考——以《人民日报》等六家报纸为例［J］.中国青年政治学院学报，2011（2）：43-46.

⑤ 陈燕，周艳霞，王晓阳.从食品危机看媒体科技报道的缺失［C］// 全民科学素质与社会发展——第五届亚太地区媒体与科技和社会发展研讨会论文集.北京：第五届亚太地区媒体与科技和社会发展研讨会，2006.

⑥ 任杰.2006-2010 年中英两国主流报纸对麻疹疫苗的科技报道研究［J］.科普研究，2012，41（7）：77-84.

证实了这个问题。同样地，2014 年美国全国消费者联盟调研发现大约三分之一的美国公众认为疫苗接种会导致自闭症，尽管并没有充分的科学证明。

可见，争议性科技报道在报道方式上的问题直接体现在了传播效果之中。公众对科学信息的理解与传播目的产生了偏差。

（二）科技报道的本质问题

虽然公众对科学研究成果的获取依赖于大众媒体信息，但是当科学结论出现不确定性以及新的技术可能带来的风险性后果出现时，人们也会质疑和不满。[1] 公众的理解是建立在媒体是如何介绍、解释和验证那些科学事实和证据的。[2]

不确定性（Uncertainty）和风险（Risk）是我们谈及科学时的重要关键词。科学知识和研究总是和不确定性相关联，科学并不是关于世界的真理和既定事实的来源，而是证据的来源。根据对假设的验证和研究方法的使用会产生不同程度的不确定性。科技记者对于研究结果的有效性进行怀疑和验证是职责所在，他们需要探索性的或是矛盾的研究发现去构建报道，以激发公众的兴趣。

有调查发现科技记者对于科学证据的呈现方式是不同的[3][4]，有时会突出强调研究结论的不确定性，以达到吸引读者或是建立争议的目的，而其他时候，会给出非常确定的科学结论，往往比实际的结论还要更加的确定。所以在对科技报道的研究中，也有观点认为科技争议是由媒体所建构起来的。

---

[1] PETERS H P. Scientific sources and the mass media: Forms and consequences of medialization. The Sciences' Media Connection: Public Communication and its Repercussions [M]. Dordrecht: Springer, 2012: 217-240.

[2] RETZBACH A, MARSCHALL J, RAHNKE M, et al. Public understanding of science and the perception of nanotechnology: The roles of interest in science, methodological knowledge, epistemological beliefs, and beliefs about science [J]. Journal of Nanoparticle Research, 2011, 13 (12): 6231-6244.

[3] GUENTHER L, RUHRMANN G. Science journalists's election criteria and depiction of nanotechnology in German media [J]. Journal of Science Communication, 2013, 12 (3): 1-17.

[4] STOCKIG S H, HOLSTEIN L W. Manufacturing doubt: Journalists' role and the construction of ignorance in a scientific controversy [J]. Public Understanding of Science, 2009, 18 (1): 23-42.

此前的报道规范比较偏好平衡式报道，提供冲突性的声音。在科技报道中，记者通常会报道所有不同的观点。通常认为，科技报道方式有四种，第一是单一的新闻故事中科学家质疑他们的研究，比如揭露式报道；第二是单一的新闻故事中提供多重视角，比如冲突式报道；第三是多个新闻故事都由一种框架呈现，比如倾向式报道；第四是多个新闻故事各自由某种或对立框架呈现，比如争议报道。这四种方式都可以遵从于平衡、经济利益和信源选择的规范①②③。

公众对于新科技的采纳、接受和评估往往是从风险和收益的层面考量，当这种科技争议的不确定性被呈现在报道中时，公众所感知的风险会迅速增加。人们对于报道的反馈虽然会受到报道的影响，但是他们更会基于其对不同影响因素的信任和信心去采取回应的策略。当媒体报道不能提供公众对于风险和收益评估的信息，不能采用公众信任的信源，就无法说服受众接受报道中的信息和观点，从而成为无效的报道，或者激发更大的社会争议。

三、影响科技争议报道的主要因素

（一）公众对科学家的信任

科学家是科技报道中的主要信源，所以对科学家的信任是我们需要讨论的重要因素之一。

研究发现制度信任，尤其是对科学家的信任，和人们对科技争议议题的态度相关。④ 对科学家的信任是社会信任或制度信任的一种形式，它是指对

① DUNWOODY S. Scientists, journalists, and the meaning of uncertainty ［M］//Communicating Uncertainty: Media Coverage of New and Controversial Science. Mahwah, NJ: Lawrence Erlbaum, 1999: 59-80.

② STOCKING S H. How journalists deal with scientific uncertainty ［M］//Communicating Uncertainty: Media Coverage of New and Controversial Science. Mahwah, NJ: Lawrence Erlbaum, 1999: 23-42.

③ TUCHMAN G. Objectivity as a strategic ritual: An examination of newsmen's notions of objectivity ［J］. American Journal of Sociology, 1972, 77 (4): 660-679.

④ BREWER P R, LEY B L. Multiple exposures: Scientific controversy, the media, and public responses to Bisphenol A ［J］. Science Communication, 2011, 33 (1): 76-97.

科学家工作的机构而非个人的一种体制化信任。① 尤其是在气候变化、纳米技术等议题中，人们对科学家的信任度降低，也更可能对该议题产生负面的态度。媒体报道很难对科学进行整体化的描述，而且一旦塑造了负面的科学家形象，那么在科技争议议题中人们对科学家的信任会降低。比如美国的公众中，了解"气候门"（climate gate）并且连续关注了事件发展的人群，超过一半的人表示他们对科学家的信任度下降。

以气候变化议题为例，人们对气候变化的意见和感知更倾向于受到信任的影响。因为此类议题的复杂性、政治和意识形态的价值，远离人们的日常生活以及经验和知识。媒体的报道往往又强调气候专家和不同意见持有者之间的争论，使得人们的判断很难基于知识内核，而更多地取决于人们对科学家的信任。如果更信任科学家，那么对全球变暖的信息的接受度则更高。

影响公众对科学家的信任的因素有以下几种可能：首先，传统的平衡式报道为了提供双方相悖的意见，往往搬出很多科学家分别站在不同的立场上，这种在媒体上针锋相对的辩论在一定程度上削弱了公众对科学家的信任，认为这个群体在不同的议题上都存在分歧，那么在未知议题中更加无法判断哪些科学家的结论会更加正确。其次，科学家的科学用语和科学思维在被媒体记者的转化过程当中，可能会被片面地解读、简化地解读甚至是错误地解读。这些误读也会降低公众对科学家的信任。

要增强公众对科学家的信任，从科技媒体的角度来看，首先需要媒体协助提升科学家的媒介素养，尽可能让他们了解媒体的报道逻辑，尽可能清楚、准确地介绍研究成果，减少对科学概念和结论的误读。其次，记者需要了解"风险"和"不确定性"在公众和科学家之间理解的差异性。对公众来说，"风险"往往意味着"可以忽略的小概率事件"，"不确定"意味着

---

① CHRYSSOCHOIDIS G, STRADA A, KRYSTALLIS A. Public trust in institutions and information sources regarding risk management and communication: Towards integrating extant knowledge [J]. Journal of Risk Research, 2009, 12 (2): 137-185.

"不知道"①。这和科学家的理解是不同的。有研究指出用"可能的未来"（possible future）来替代"不确定"，比如在飓风的预报中，科学家希望指出的是未来可能会发生的多种可能性，但并不能确定具体是哪一种。如果媒体报道能够对这多种的可能性进行扩展和阐述，明确指出在某种情况下会发生某种情况，人们需要怎样应对，会有什么样的后果等，这样的报道会让人们的接受度更高。放之于更具争议性的议题中，对于科学的不确定和风险的阐释，需要更详细、更具体的解读，对每一种科学家谈及的可能性展开来解释，尽量减少读者认知的盲点，才能最大限度地避免公众因为报道的不够详尽而产生对科学和科学家的不信任。最终也才能通过增强人们对科学家的信任，来有效报道争议议题，对人们的认知和态度产生影响。

（二）信源的选择

对信源的选择和分辨是评判一名科技记者报道特定科技议题水平的基础标准之一。对新闻工作的一个基础假设就是当记者在报道某议题时缺少必要的知识，他们能够通过采访具备这些知识的人来获取必要的信息。这就需要记者知道如何辨别这些具备知识的人，知道如何提出合适的问题，顺利完成采访。

但是在实际工作中，多数科技记者对科学家的研究成果接触得并不够多，对于合适信源的辨别和选择并没有充分的经验。这就造成了记者在报道科技事件时采访的并不是在科学界中足够有权威的人。在美国的一项研究中发现，在大麻报道中被采访最多的十位学者，只有三位学者在医学索引里发表过一篇论文②，这说明在媒体上活跃的专家并不是在科学界中最具权威性的专家。

记者在选择权威信源时，不仅需要了解谁是合适的专家，同时在科学界

---

① SHOME D, MARX S M. The Psychology of Climate Change Communication: A Guide for Scientists, Journalists, Educators, Political Aides, and the Interested Public [R]. New York: Center for Research on Environmental Decisions (CRED), 2009.

② SHPARD R, GOODE E, Scientists in the popular press [J]. New Scientist, 1987, 24 (10): 482-484.

内部有争议的时候还要能够权衡信源的可信度。这是科技记者区分于其他内容记者的重要特征，因为科技记者更直接地和科学家群体接触，那么熟悉科研体系就尤为重要。掌握检索科研成果的能力，搜索科研成果的引用数量，根据成果发表的期刊级别和引用数量可以综合考量一位科学家在该领域的权威性。因为期刊的匿名评审制度决定了同行评议的结果，一个成果能够发表出来代表的是主流科学界的声音和认可，这样的观点被见诸报端也代表了主流科学界的声音。

在科技争议事件中，需要报道提供的其他信息应该是可以证明观点的事实性信息，这些信息需要尽可能是一手的、有当地经验的，才能为科技争论提供有价值的证据。而无法佐证的观点，哪怕很有轰动性，也不应该列入报道，否则容易误导受众，让人们缺乏价值判断的依据。

四、如何报道争议性科技议题

（一）平衡报道与虚假平衡

对于平衡报道方式在科技议题中的使用是备受争议的。学者们认为平衡报道在科学报道中没有意义，因为科研系统里的同行评议机制决定了什么样的研究结论可以被发表出来。而对争议性科技议题如果采取平衡报道，即把对立双方的论点都同等篇幅地呈现出来，容易给人造成一种假象——科学家对该议题产生了较大分歧，而实际并非如此，这被称为"虚假平衡"（false balance）。

比如在环境议题和疫苗议题中都明显地存在此问题。以气候变化为例，由于媒体在早期提供双方的观点，让受众产生了虚假的印象，认为在科学界，科学家们对气候是否真的产生变化有明显的争论，而导致不少公众认为气候变化并不存在。尽管在学者的质疑声中，美国和英国的媒体报道尽量减少了对气候变化问题的平衡报道，但是一些评论员们依然认为是虚假平衡的报道导致了公众时至今日对气候变化问题依然存在较大争议，而没有完全相信有充分科学论证的结论。而对麻腮风三联疫苗（MMR）的争议，媒体进行了很多平衡式报道，把双方的观点充分呈现出来，使得公众需要进一步基于自身的判断形成对该疫苗接种的态度，而不是基于媒体中提供的某一方较权威的科学家意见。这就使得科学的权威被弱化了，抵制接种疫苗的家长比例较高。

从某种意义上来说，这是一个科学的和新闻业的文化和要求不对等的问题。对科学来说，客观就是坚持追求真理，不断提出设想再进行验证的过程，在不同的阶段有相应的科学结论。而对新闻业来说，客观就意味着平衡。当事件双方意见相悖的时候，记者的责任是提供意见双方的信息以达到新闻的价值标准。科学家们往往更加希望记者要慎重审核双方论点的资格，但是对于环境、健康等专业性非常强的科学议题，记者很难达到能够分辨可靠信息的专家水平。

所以，对科技记者来说，更高的科学素养和教育就尤为重要。对自然科学和社会科学研究群体和研究过程增进了解，将更可能有助于记者分辨科学证据的可靠性，避免虚假平衡报道。具体地说，在科学界已经达成主流科学结论而社会认知仍存在较大争议时，需要尽量避免虚假平衡报道，此时的反主流科学结论的过多呈现势必会加剧公众的错误认知。在科学界也仍然存在较大争议的议题中，意味着某种新技术的发展应用还在探索和证伪阶段时，提供完全平衡的报道也无法有效引导公众的认知。

（二）科学证据的报道框架

新闻报道不仅仅在描述事实，也在积极地建构意义，这种机制在社会科学和媒体研究中有一些相关概念可以解释，其中最为重要的就是框架（framing）。框架在争议性科技议题报道中决定着记者怎样把争议性的技术信息嵌入人们已有的科学认识和感知中。强调感知和事实的差异在于，感知并不一定是真实的、正确的，而是人们在某个阶段的感受和认识，比如某人身体患病，在他出现某种症状和被确诊前他并不一定真正感知到自己处于生病的状态。所以学者们一直很重视人们感知层面的研究，尤其是在科学信息的渗入中，需要与人们已感知到的风险、收益等进行补充、对抗或共处。

报道框架可以指导我们如何思考一个具体议题，主要包括几种框架：隐喻式（metaphors）、典范式（exemplars）、标语式（catchphrases）、描写式

（depictions）、视觉影像式（visual images）。一个报道框架是具体的组织和构建文本的方式，强调某些现实方面，使它们更为突出地呈现在报道中，而把另一些信息归入背景，实现的是一个选择判断的过程。① 突出某些内容具体包括对问题定义的阐释、因果关系的解释、道德评判、推荐的解决方案。

报道框架并不是个在事前就下定义的步骤，而更多地用于评判一则报道的框架要素，这能从总体上掌握在某个争议性科技议题中各报道的一致性和说服性。

---

① ENTMAN R M. Framing: Toward clarification of a fractured paradigm ［J］. Journal of Communication, 1993, 43（4）: 51-58.

第三章

科技争议的新媒体信息传播

第一节　基于社交媒体的科技争议信息传播研究综述

一、社交媒体的信息传播形式

社交媒体为用户提供了针对健康决策的信息搜寻渠道,在此过程中,议题关涉主体(父母)、医疗卫生部门、媒体、医生及其他对议题感兴趣的人群都会参与到从信息搜寻到信息分享的过程,人们通过在线信息去支持自己的观点、提出专业的论调。已有研究表明,数字媒体和社交媒体已经成为健康信息的重要来源,为接触到健康信息和参与到相关的讨论中提供了更多的渠道。

社交媒体不仅扩大了接触公共健康信息的途径和数量,也同时改变了医疗信息的传播和获取形式,最终使得电子医疗信息干预(eHealth interventions)的效果最大化。

当公共卫生危机事件发生时,风险传播的研究强调的是个体在信息传播过程中是否弄明白了发生的事件,以及如何有效地做出回应。[①] 这些研究存在的假设条件是官方通过传统媒体来发布消息,运用的是一对多的传播模

① MILLER L, REYNOLDS J. Autism and vaccination——The current evidence [J]. Journal for Specialists in Pediatric Nursing, 2009, 14 (3): 166-172.

型，可是社交媒体改变了这种一对多的形式而变为通过自己的社交网络来获取和交流信息。这就限制了官方对于公众是否真正了解了事件本身并作出正确的回应的评估。

在危机事件中，人们运用社交媒体去搜寻事件相关的信息并查询家人和朋友的状况。由于是否理解了事件（sensemaking）和信息的效能是危机事件传播中的重要因素，社交媒体的内容就成了关注点。

尽管科学家在尽最大努力地去又准确又有效地普及科学、健康和风险信息，但是公众对这些领域的热点议题依旧呈现出各种各样的错误认知。皮尤研究中心2013年调研发现26%的美国公众坚信全球气候变暖并没有确凿的证据，即使已经有大量的研究证实了这个问题。

二、公众参与科技健康信息传播

探寻个体如何且为何参与特定议题的传播行为是传播学学者的主要研究内容之一。公众参与，尤其是突发公共卫生事件，社交媒体可以作为一个个人化信息的聚集地，搜寻信息、寻求建议、对病毒更新的了解、防护和治疗，同时也可以作为一个社会支持的社群。

以往对突发公共卫生事件的研究集中在对疾病的跟踪。而随着社交媒体的广泛运用，尤其是公共卫生组织的参与，让更多的学者关注到社交媒体的信息传播。比如在禽流感事件中，当2009年H1N1爆发时，世界卫生组织和美国疾控中心（CDC）运用推特账户发布事件相关信息，到2013年H7N9出现人感染禽流感时，世界卫生组织的推特账户有789000粉丝，账户定期推送疾病更新信息和防治内容。美国疾控中心（CDC）已经开通了多个推特账户，其中有一个专门发布禽流感信息的账户。研究证明粉丝数和推特帖子到达率成正相关①，但是还没有研究针对此类公共卫生组织的参与去做专门

---

① SU B, HONG L, PIROLLI P, et al. Want to be retweeted? Large scale analytics on factors impacting retweet in Twitter network ［C］// Proceedings of the 2010 IEEE Second International Conference on Social Computing, Germany: Proceedings of the 2010 IEEE Second International Conference on Social Computing, 2010.

的研究。

在人们的参与信息传播的行为中，交往行为被认为可以解释个体的参与过程。交往行为（communicative action）是与金和格鲁尼格提出的解决问题的情境理论（Situational Theory of Problem Solving）相关①，并后来由金等人提出的概念，被描述为问题解决中的交往行为（CAPS），旨在解释在何时、何因个体会怎样通过六种信息相关的交往行为参与到问题解决中来②。这六种行为分别是：信息防护（information forefending）、允许（permitting）、转发（forwarding）、分享（sharing），搜寻（seeking）和参加（attending）。这六种行为代表着信息获取、选择和扩散中不同程度的主动性。更具体地说，信息允许、分享和参加这三种行为是传播行为中的反应性的行为，而信息搜寻、防护和转发则是更深层次的主动参与。他们的论断建立在这样的假设基础之上，即一个人越想解决问题，那么这个人的交往行为越会增加。也就是说，这个前提是人们通过交流和沟通信息去解决人生中的各种问题。

那么，通过更高程度的交往行为去研究人们的参与传播活动就更具意义。在社交媒体中，和搜寻、防护和转发这三个程度更高的行为最相关的是转发行为，也就是转帖。因此，对于社交媒体中信息传播效果的研究，大多聚焦于转发行为的研究中。

三、社交媒体的转发行为

在过去的几年中，信息传播领域针对信息传播效果进行了诸多探讨。对转发行为的考察也就是在对信息传播效果进行测量，在公共卫生事件的研究中，可以从传播广度（width）、深度（depth）和速度（speed）三个维度分别进行操作化定义。也可以把广度、深度和速度分别对应为数量、时效和

---

① KIM N, GRUNIG E. Problem solving and communicative action: A situational theory of problem solving [J]. Journal of Communication, 2011, 61 (1): 120-149.

② KIM J, GRUNI E, NI L. Reconceptualizing the communicative action of publics: Acquisition, selection, and transmission of information in problematic situations [J]. International Journal of Strategic Communication, 2010, 4 (2): 126-154.

结构。

转发行为，是指用户进行信息扩散和激活传播的行为。① 虽然研究者们对探索社交媒体中的复杂传播活动展开了很多研究，但是对公共卫生事件的信息扩散和人际间传播的影响因素关注还很少。

以微博为代表的社交媒体将网络用户通过下列方式连接起来：发帖、转帖、评论、关注。也就是说，通过选择哪些信息进行曝光，社交媒体用户创造着网络信息传递的路径。传播活动是传者和受者的双向互动过程，在社交媒体上体现为发送（发帖）和接收（读帖），同时这两种活动可以被看作是独立的行为，比如，写作或发表信息往往比直接地阅读那些信息需要更多的认知努力和主动地处理信息的过程②，就如同写作和阅读在解释信息交换、传播和处理的过程中扮演不同的角色一样。但是，这两个指标对于传播过程来说是统一的且相互依存的。在转帖的行为中，阅读和发帖行为被混合为一体，因为用户不仅在单纯地消费信息，同时还在积极地发布其他用户的信息、并且表明他们已经获取了信息。那么，转帖相较于关注而言就是个更需要认知努力和资源的参与性更强的内容导向的行为。当决定转发哪个帖子的时候，用户就需要对帖子的内容和信源的权威性投入更多的关注力。③

卡普兰（Kaplan）和汉雷恩（Haenlein）指出，微博得以成功的一个重要原因就是其独具匠心的交流模式——转发。④ 对 tweeter 的研究中，一些学者发现原本获得的关注度很低的帖子如果给予更多的时间和努力在转发行为上时往往都能获得回应或被转发，转帖也就被认为在信息传递过程中是个积

---

① BOYD D, GOLDER S, LOTAN G. Tweet, tweet, retweet: Conversational aspects of retweeting on Twitter [C] // 2010 43rd Hawaii International Conference on System Sciences (HICSS - 43), Hawaii: 2010 43rd Hawaii International Conference on System Sciences (HICSS-43), 2010.

② ZAJONC B. The process of cognitive tuning in communication [J]. Journal of Abnormal and Social Psychology, 1960, 61 (2): 159-167.

③ HU Y, SUNDAR S S. Effects of online health sources on credibility and behavioral intentions [J]. Communication Research, 2010, 37 (1): 105-132.

④ KAPLAN M, HAENLEIN M. The Early Bird Catches the News: Nine Things You Should Know About Microblogging [J]. Business Horizons, 2011, 54 (2): 105-113.

极的结果，被调整过的帖子或是添加了转发评论的帖子，特别是负面的内容，往往会获得意想不到的效果。

社交媒体用户通过与不同用户之间的信息交换与信念支持而满足其不同的信息需求。在对癌症议题的研究中发现，人们参与到社交媒体的癌症信息传播中，通过患者和医生共同生产的内容信息的传递，可以满足他们不同的癌症相关信息需求和交流的需求。① 那么转发行为，作为一个需要投入更多精力的传播活动之一，也能满足不同的传播目的。目前学者们总结了以下的转帖动机：（1）加快信息传播的速度，达到更多的用户；（2）发展和促进一个对话；（3）验证他人的想法；（4）表明对发帖人的忠诚和友谊；（5）获得更多的粉丝和相关关注；（6）参与到社会行动中。②

鉴于转发行为在信息扩散和促进人际间讨论的重要作用，用户会比较慎重地且有策略地选择转发的内容。虽然人们转发的内容很多样化，但是考察人们做转发决策的影响因素可以解释在健康传播活动中的公众参与状况。一些针对病毒式营销传播的研究提出了一些有意思的研究框架去考察转发行为和影响因素。

第二节　疫苗接种议题的研究框架与方法

社交媒体加强了在健康议题中的公众参与传播，通过在线参与对话、传递扩散信息的方式丰富了相关议题的讨论，已有研究表明，数字媒体和社交媒体已经成为健康信息的重要来源，为接触到健康信息和参与到相关的讨论中提供了更多的渠道。

① HIMELBOIM I, HAN Y. Cancer talk on Twitter: Patterns of information seeking in breast and prostate cancer networks [J]. Journal of Health Communication, 2013, 19 (2): 210-225.
② BOYD D, GOLDER S, LOTAN G. Tweet, tweet, retweet: Conversational aspects of retweeting on Twitter [C] // 2010 43rd Hawaii International Conference on System Sciences (HICSS-43), Hawaii: 2010 43rd Hawaii International Conference on System Sciences (HICSS-43), 2010.

同时社交媒体的信息传播也使得一些敏感议题的紧张讨论更加恶化，比如儿童接种疫苗问题。① 不同领域的学者都指出了关于儿童接种疫苗的安全性和接种率问题的媒体报道在增多，并且成了公众主导的热点议题。②

当公共卫生危机事件发生时，风险传播的研究强调的是个体在信息传播过程中是否明了所发生的事件，以及如何有效地做出回应。这些研究存在的假设条件是官方通过传统媒体采用一对多的传播模型来发布消息，然而社交媒体的出现改变了这种一对多的形式而变为通过自己的社交网络来获取和交流信息。这就限制了官方对于公众是否真正了解了事件本身并作出正确的回应的评估。

尽管科学家在尽力普及科学、健康和风险信息，但是公众对这些领域的热点议题依旧呈现出各种错误认知。皮尤研究中心 2013 年调研发现 26% 的美国公众坚信全球气候变暖并没有确凿的证据，即使已经有大量的研究证实了这个问题。同样地，2014 年美国全国消费者联盟调研发现大约三分之一的美国公众认为疫苗接种会导致自闭症。

在危机事件中，人们运用社交媒体去搜寻事件相关的信息并查询家人和朋友的状况。对事件的理解和信息的效能是危机事件传播中的重要因素，社交媒体的信息内容也成了重要关注点。

本节将探讨社交媒体中用户的传播行为的影响因素，通过突发公共卫生事件中的传播信息考察社会网络结构在热点事件传播中的作用，以及情绪和认知如何在公共卫生事件中影响人们的传播信息。

一、疫苗接种议题

疫苗的发明作为 20 世纪公共健康领域的伟大发明，在减少疾病的流行甚至是彻底根除某种疾病方面做出了重要贡献。众多的医生和医学家都支持

---

① BETSCH C, BREWER T, BROCARD P, et al. Opportunities and challenges of Web 2.0 for vaccination decisions [J]. Vaccine, 2012, 30 (25): 27-33.

② CHOI S. Flow, diversity, form and influence of political talk in social-media-based public forums [J]. Human Communication Research, 2014, 40 (2): 209-237.

使用疫苗的方式来减少曾经常见的一些疾病的风险，而公众对于疫苗效果的错误感知依然存在，尤其是认为疫苗本身或是其中的一些成分会导致儿童的自闭症。

1998年2月，发表在英国《柳叶刀》杂志上的研究称自闭症和麻疹、腮腺炎、风疹（简称MMR）疫苗接种存在潜在影响关系。① 这个研究吸引了全球的公众、政策制定者、媒体的极大关注，并且开始质疑疫苗接种的安全性。自此开始，来自科学界和医疗界的对这个结论的批判声越演越烈，并且有研究反驳了这个结论。② 但是这种反驳并没有阻止疫苗接种率的骤减，而且在英国和其他一些地区麻疹病毒又开始死灰复燃。

有调查发现30%到33%的美国家长相信疫苗接种会导致自闭症③，同时有20%的美国公众相信医生和政府官员也认为疫苗会导致自闭症④。这类感知并没有充分的科学证明来支持，但是这种信念直接导致了美国一些城市和地区的疫苗接种率下降。⑤ 而且持有这种观点的人群在美国的富裕阶层和高学历人群中还在增加。⑥ 同时，一些流行病学的研究试图去证明自闭症和疫苗之间的关系，但是并没有发现显著的相关关系。同时，美国儿科学会、世界卫生组织、美国医学研究所这些医疗组织都为疫苗及其成分与自闭症没有关系这种观点背书。

在我国，疫苗议题也时常作为热点议题被关注，但是公众关注的点和英

① WAKEFIELD J, MURCHurch H, ANTHONY A, et al. Ilead-lymphoid-nodular hyperplasia, non-specific colitis, and pervasive developmental disorder in children [J]. Lancet, 1998, 351 (9103): 637-641.

② GERBER S, OFFIT A. Vaccines and autism: A tale of shifting hypotheses [J]. Clinical Infectious Diseases, 2009, 48 (4): 456-461.

③ OLIVER E, WOOD A. Medical conspiracy theories and health behaviors in the United States [J]. JAMA, 2014, 174 (5): 817-818.

④ JASLOW R. CDC: Vaccination rates among kindergartners high, but exemptions worrisome [EB/OL]. CBS News, 2013-08-01.

⑤ MCKEEVER W, MCKEEVER R, HOLTON E, et al. Silent Majority: Childhood Vaccinations and Antecedents to Communicative Action [J]. Mass Communication and Society, 2016, 19 (4): 476-498.

⑥ MILLER L, REYNOLDS J. Autism and vaccination—The current evidence [J]. Journal for Specialists in Pediatric Nursing, 2009, 14 (3): 166-172.

美等西方国家完全不同。我国的疫苗公共事件中总是将疫苗的真假问题、质量问题和致死问题作为核心议题。2016 年 3 月，山东警方破获案值 5.7 亿元非法疫苗案，这些疫苗未经严格冷链存储运输销往 24 个省市。这个公共卫生突发事件将公众对疫苗的关注推向社会最热点。但是我国公众一直关注于疫苗制作的规范性，并未质疑过疫苗本身的安全性与科学性，这与西方公众的争议点不同。但疫苗问题事关每个公众，尤其涉及儿童时，它的敏感性更为突出。每一次疫苗事件的突发，都会成为全社会的热点。本节将通过对社交媒体上疫苗事件的探讨勾勒突发公共卫生事件中的信息传播特征。

二、研究框架

（一）转发行为

探寻个体如何且为何参与特定议题的传播行为是传播学学者的主要研究内容之一。在人们的参与信息传播的行为中，交往行为（communicative action）被认为可以解释个体的参与过程。其旨在解释何时、何因个体会通过六种信息相关的交往行为参与到问题解决中来。这六种行为代表着信息获取、选择和扩散中不同程度的主动性。进一步讲，信息允许、分享和参加这三种行为是传播行为中的反应性的行为，而信息搜寻、防护和转发则是更深层次的主动参与。① 一个基本假设是一个人越想解决问题，那么这个人的交往行为的程度越会增加。也就是说，人们通过交流和沟通信息去解决人生中的各种问题。

转发行为，是在用户中得以信息扩散和激活传播的行为。如上所述，它在交往行为中被认定为主动性非常强的互动行为。虽然研究者们对探索社交媒体中的复杂传播活动展开了很多研究，但是缺乏对公共卫生事件的信息扩散和人际间传播的影响因素的研究。

以微博为代表的社交媒体将网络用户通过发帖、转帖、评论、关注等方

---

① KIM N, GRUNIG E. Problem solving and communicative action: A situational theory of problem solving [J]. Journal of Communication, 2011, 61 (1): 120-149.

式连接起来。也就是说，通过选择哪些信息进行曝光，社交媒体用户创造着网络信息传递的路径。

传播活动是传者和受者的双向互动过程，在社交媒体上体现为发送（发帖）和接收（读帖），同时这两种活动可以被看作独立的行为，比如，写作或发表信息往往比直接地阅读那些信息需要更多的认知努力和主动地处理信息的过程。① 在转帖的行为中，阅读和发帖行为被混合为一体，因为用户不仅在单纯地消费信息，同时还在积极地发布其他用户的信息，并且表明他们已经获取了信息。那么，转帖相较于关注而言就是个更需要认知努力和资源的参与性更强的内容导向的行为。当决定转发哪个帖子的时候，用户就需要对帖子的内容和信源的权威性投入更多的关注力。

社交媒体用户通过与不同用户之间的信息交换与信念支持而满足其不同的信息需求。在对癌症议题的研究中发现，人们参与到社交媒体的癌症信息传播中，通过患者和医生共同生产的内容信息的传递，可以满足不同的癌症相关信息需求和交流的需求。②

虽然人们转发的内容和动机呈多样化，但是考察人们做转发决策的影响因素可以解释在健康传播活动中的公众参与状况。有两类因素决定着病毒式信息在传播扩散中的自我复制过程③，主要包括：第一类，社会网络结构④，第二类，内容⑤。本书在已有研究的基础上，运用疫苗事件分析我国传播语境下的社会网络传播特征。

---

① ZAJONC B. The process of cognitive tuning in communication ［J］. Journal of Abnormal and Social Psychology, 1960, 61: 159-167.

② HU Y, SUNDAR S. Effects of online health sources on credibility and behavioral intentions ［J］. Communication Research, 2010, 37: 105-132.

③ HIMELBOIM I, HAN Y. Cancer talk on Twitter: Patterns of information seeking in breast and prostate cancer networks ［J］. Journal of Health Communication, 2013, 19: 210-225.

④ KIM E, HOU J, HANan Y, et al. Predicting retweeting behavior on breast cancer social networks: Network and content characteristics ［J］. Journal of Health Communication, 2016, 6: 1-8.

⑤ BAMPO M, EWING T, MATHER R, et al. The effects of the social structure of digital networks on viral marketing performance ［J］. Information Systems Research, 2008, 19: 273-290.

（二）社会网络结构

社会网络是由节点和边共同构成的。节点是每一个网络源点，可以是个人、机构、内容、物理或虚拟位置、活动等。边则是连接这些节点的关系。在社交媒体中，比如微博和推特，网络是自主形成的，用户可以自由地建立连接。当有一个共同议题出现时，很多用户同时发帖或转帖这个议题的信息，它们就形成了这个议题的网络，而其中的每个用户都作为这个议题网络中的节点。

在微博中，用户通过关注、回复、@提醒、转发等行为参与到社会互动中建立各种各样的关系。在本书中，我们关注的是"关注"和"转发"行为。作为微博上最基础的关系，"关注"行为建立了信息流的基本网络。粉丝被曝光于被关注者发布的各种信息中，而有大量粉丝的被关注者在他们的社会网络中可以使自己发布的信息获得更多的曝光。转发可以使得信息被再次曝光和传播，并建立公共讨论，同时不同的社群之间通过转发信息可以实现不同群体间的信息交换和流通。所以，转发行为相比于其他行为可以促使更多样化的用户之间形成动态互动。

在对推特的研究中，发帖用户的身份和受欢迎度，内容特征和兴趣程度，用户在社会网络中的位置等因素已经被验证为对于帖子的转发量有重要的预测作用。比如用户的身份和粉丝数会影响帖子的转发量。① 帖子内容与用户兴趣的相似处，不同帖子之间的内容相似处，用户已发帖中被转发的数量等变量都被证明可以预测帖子的转发量。②

用户的粉丝数，中介中心性（betweenness centrality）和接近中心性（closeness centrality）表征着用户在微博网络中的位置。首先，一个用户的关注关系是直接由他的账户获取的，对于转发行为的研究已证明发帖用户的受

---

① BERGER J, MILKMAN L. What makes online content viral？［J］. Journal of Marketing Research，2012，49：192-205.

② SU B, HONG L, PIROLLI P, et al. Want to be retweeted？Large scale analytics on factors impacting retweet in Twitter network［C］// Proceedings of the 2010 IEEE Second International Conference on Social Computing，Germany：Proceedings of the 2010 IEEE Second International Conference on Social Computing，2010.

欢迎度和粉丝数会正面地影响他的帖子的转发情况。① 据此我们提出如下假设：

H1：发帖用户的粉丝数量和帖子转发数呈正相关。

用户的中介中心性考察的是社会网络中每两个节点之间连接的最短路径及其对这条路径的使用频率。在微博议题的社会网络中，拥有较高中介中心性的用户更像连接网络中不同群体之间的桥梁。比如在突发公共卫生事件中，这个用户和专业的健康服务人员群体保持着联系，同时又和草根意见领袖有着较多的信息互动，而草根意见领袖和专业健康服务人员的直接互动很少，也就是说，草根意见领袖和专业人员之间的沟通是通过这个用户，那么，这个用户的中介中心性就比较高，他就具备了这个桥梁的作用。也就是说，中介中心性较高的用户往往传递着较多的信息，同时在一定程度上潜在地控制和影响着社会网络中不毗邻的节点。② 由此我们提出如下假设：

H2：发帖用户的中介中心性和帖子转发数呈正相关。

接近中心性测量的是在社会网络中的一个用户和其他所有节点的平均距离。③ 在一个社会网络中，接近中心性越低的用户，和其他用户的连接更直接，不需要通过其他节点或者通过少量的节点就能够达到别的节点。也就是说，接近中心性较低的用户直接和大量的用户连接，并能迅速地和其他用户直接互动。这些用户在信息传播过程中会更加高产出。④ 因此我们提出以下假设：

H3：发帖用户的接近中心性和帖子转发数呈负相关。

（三）帖子内容

人们通过语言来表达想法和情感。研究发现在一条信息中对语言进行选

---

① BERGER J, MILKMAN L. What makes online content viral? [J]. Journal of Marketing Research, 2012, 49: 192-205.

② LUO Z, OSBORNE M, TANG J, et al. Who will retweet me? Finding retweeters in Twitter [C] // Proceedings of the 36th International ACM SIGIR Conference on Research and Development in Information Retrieval. New York: Association for Computing Machinery, 2013.

③ WASSERMAN S, FAUST K. Social network analysis: Methods and applications [M]. Cambridge: Cambridge University Press, 2009: 279-280.

④ WASSERMAN S, FAUST K. Social network analysis: Methods and applications [M]. Cambridge: Cambridge University Press, 2009: 279-280.

择会改变信息发送方和接收方之间的社会影响。① 人们进行信息交换时会受到几个语言学维度的影响，情绪性的或认知类的词汇会塑造信息接收者对信息的解码和感知，及其通过转帖所表达的对该信息的回应。比如有研究发现在政治话题讨论中负面情绪的信息就比正面情绪的信息更容易被传递，并且，肯定性词汇越多，帖子更容易被转发。②

　　本书重点考察情绪和认知如何在公共卫生事件中影响人们的传播反应。有研究发现带情绪的内容比不带情绪的内容更容易被传播，因为前者更能抓住公众的注意力。进一步地，积极的内容比消极的内容更容易被传播。所以对情绪的表达是一种社会影响形式，它不仅唤起了人们在态度、情感、观点和行为方面的反应，也发展出了社会关系连接。也就是说，发帖人的情绪表达可以改变接收者的情绪，比如表达积极的情绪就比消极的情绪会让别人感觉更好。③ 所以在健康传播的研究中，针对各种以疾病类型而聚集在一起的网络社群，对社会支持的定义就更偏向于情感支持，它和自我披露（self-disclosure）同样成为影响社会互动和社群建立和维系的最主要特征。④ 这些有支持性作用的传播信息都会传递积极的情绪。尤其是在慢性病的社群中，比如乳腺癌患者之间通过网络社群去主动地交换积极的且有支持性的话语，从而也使得自身获得更多的来自群体的支持。⑤ 这些研究都说明当人们遇到健康问题时，人们更愿意分享表达积极情绪内容的帖子去帮助他人，通过同种健康问题的分享来建立更多的关联并促进健康行为。那么，帖子内容和社会网络传播扩散的过程就很可能有很大的关系。在疫苗议题中，我们提出如下假设：

① BARASH V, GOLDER S. Twitter：Conversation, entertainment, and information, all in one network! Analyzing social media networks with NodeXL：Insights from a connected world [M]. Boston：Morgan Kaufman, 2011：182-184.

② HUFFAKER D. Dimensions of leadership and social influence in online communities [J]. Human Communication Research, 2010, 36：593-617.

③ BERGER J, MILKMAN L. What makes online content viral? [J]. Journal of Marketing Research, 2012, 49：192-205.

④ WINZENBERG A. The analysis of an electronic support group for individuals with eating disorders [J]. Computers in Human Behavior, 1997, 13：393-407.

⑤ KIM E, HAN Y, MOON J, et al. The process and effect of supportive message expression and reception in online breast cancer support groups [J]. Psychooncology, 2012, 21：531-540.

H4：拥有更正面情绪的帖子更容易被转发。

充满力量的语言更有说服力和扩散效果。[①] 有研究发现有力量的语言传递着发帖人对自己想法的确定和信心，这类语言一般较少地包含模糊性词汇（比如"大概""可能"等）、犹豫性词汇（比如"呃"等）、增强性词汇（比如"真的是"）或零碎的语句等缺少力量的语句。[②] 如"从来""从未""肯定""当然"等确定性词汇被认为是促进信息扩散回应和分享的有效指标，其测量方法是计算这类词汇在信息文本中出现的频次。[③]

另外，因果性词汇也在一定程度上预测着认知参与状况，被感知为是理性的且有说服力的。[④] 因此，对这类词汇的使用也会使别人更倾向于对帖子内容作出回应。

依据以上的实证研究结果，我们提出如下研究问题：

RQ1：从确定性、因果性、社交性等认知语言的维度考察的微博内容和转帖行为之间存在什么关系？

三、研究方法

（一）数据采集

本书采用新浪微博最高权限的 API，以"疫苗"为关键字，抓取了 2016 年 3 月 18 日至 3 月 29 日期间山东疫苗事件的微博数据。共获得 146580 条微博帖子，每条微博信息包括文本内容、转发量、评论量、微博包含图片的地址、转发用户信息、用户名字、用户的粉丝数等。结合本研究所需的变量信息，如果数据缺失半数以上的内容，该条微博即被删除。

① HAZELTON V, CUPACH R, LISKA J. Message style：An investigation of the perceived characteristics of persuasive messages [J]. Journal of social behavior and Personality, 1986, 1：565-574.

② HOLTGRAVES M, LASKY B. Linguistic power and persuasion [J]. Journal of language and social psychology, 1999, 17：506-516.

③ HUFFAKER D. Dimensions of leadership and social influence in online communities [J]. Human Communication Research, 2010, 36：593-617.

④ PENEBAKER J, MEHL M, NIEDERHOFFER K. Psychological aspects of natural language use：Our words, our selves [J]. Annual Review of Psychology, 2003, 54：547-577.

数据检验是在 146580 条微博中随机抽取 1000 条微博，进行主题相关性检验，以剔除无关广告信息、垃圾信息等无关疫苗内容的信息。首先人工编码检验这 1000 条微博的相关性，即按照"0 = 不相关、1 = 相关"的形式编码，然后在全部数据中进行机器学习，筛选出 115824 条微博。

再根据其转发信息，用 UCINET 软件计算其社会网络分析的主要变量，包括中介中心性、接近中心性、中心度、出度、入度等指标。数据匹配并清洗剔除数据后共得到 55685 条。

最后在这 55685 条微博中随机抽取 2000 条帖子作为最终研究样本进一步进行线性回归检验假设。

（二）变量测量

1. 社会网络特征

发帖用户粉丝数是由直接抓取数据获得，即用户的粉丝数量（$M = 33471.08$，$SD = 454453.05$）。2000 个样本中的粉丝数从 0 至 14889111 分布，粉丝数少于 100 的占 33.6%，粉丝数超过 10 万的占 1.8%。另外，中介中心性和接近中心性是由 UCINET 计算得出。中介中心性测量的是用户在议题网络中处于用户间最短距离的频率（$M = 0.195$，$SD = 4.40$），接近中心性测量的是用户和其他用户之间的平均距离（$M = 1.093$，$SD = 0.42$）.

2. 内容特征

选取文心（Text Mind）中文心理分析系统的词库，其词库参照 LIWC2007 和正体中文 C-LIWC 词库，词库分类体系也与 LIWC 兼容一致。我们考察微博样本的文本单词和词库匹配的次数，情绪是根据情绪词性赋值加总计算，从 -10 至 11 分分布（$M = -1.37$，$SD = 2.34$），分值越高情绪越积极。确定性词汇测量的是文本中"一直""确实""从不"等确定性词汇出现的频率，从 0 至 6 分布（$M = 0.63$，$SD = 0.93$）。因果性词汇是测量文本中例如"因为""影响""因此"等词库中因果性词汇出现的频次，从 0 至 7 分布（$M = 0.92$，$SD = 1.01$）。社交性词汇测量的是微博文本中出现"分享""朋友"等社交性词汇的频率，从 0 至 14 分布（$M = 3.32$，$SD = 2.4$）。这些变量可以测量文本内容的特征。

转发行为测量的是微博的转发数（$M = 0.56$，$SD = 5.73$），由直接抓取数据获得。其中，只有9.4%的帖子得到了转发。

同时，我们从用户和文本内容两方面控制了微博用户的微博数、帖子长度、是否有图片、是否有链接、表情符号数等变量。

第三节　社交媒体内容与社会网络结构对转发行为的影响

为了检验研究假设和研究问题，我们进行线性回归回析，将帖子转发数作为因变量，自变量为发帖用户粉丝数、中介中心性、接近中心性、情绪、确定性词汇、因果性词汇、社交性词汇，同时控制发帖用户微博数、帖子字数、是否有图片、是否有链接、表情符号数等变量（见表3.1）。

表3.1　预测转发数的回归分析

		转发数
社会网络特征	发帖用户粉丝数	0.32^{***}
	发帖用户中介中心性	0.55^{***}
	发帖用户接近中心性	-0.14^{***}
内容特征	情绪	0.07^{**}
	确定性词汇	0.01
	因果性词汇	0.03
	社交性词汇	0.06^{*}
控制变量	发帖用户微博数	0.03
	帖子字数	0.02
	是否有图片（ref. ＝无图片）	0.29^{***}
	是否有链接（ref. ＝无链接）	-0.01
	表情符号数	-0.01
	Total Adj. R^2（%）	52.4^{***}

注：$^{*}p<0.05.$ $^{**}p<0.01.$ $^{***}p<0.001$。

从表3.1可知，发帖用户粉丝数、中介中心性、情绪均和转发数呈显著正相关，接近中心性与转发数呈显著负相关，H1、H2、H3、H4 均得到支持。说明粉丝数量越多的发帖用户的帖子更容易被转载，中介中心性更大的用户的帖子更容易被转载，接近中心性更小的用户的帖子更容易被转载，同时，情绪更正面的帖子更容易被转发。

针对研究问题中的认知语言维度中的帖子内容，只有社交性词汇和转发数呈显著正相关，说明帖子中包含更多社交性词汇的帖子更容易被转载，这更说明了从内容特征的角度也体现出社交性的重要作用。而确定性词汇和因果性词汇和转发数的相关性并不显著。

同时我们发现，在微博帖子的词汇使用中，确定性词汇和因果性词汇的均值差异显著（$t=-9.77$，$p<0.001$），确定性词汇的使用频率低于因果性词汇；确定性词汇和社交性词汇的均值差异显著（$t=-51.92$，$p<0.001$），因果性词汇与社交性词汇的均值差异显著（$t=-46.02$，$p<0.001$），可见，微博用户在疫苗议题中对社交性词汇的使用频率最高，且均值显著大于 3（$t=-5.96$，$p<0.001$）。

另外，虽然控制了发帖用户自身的信息和帖子特征信息，还是发现帖子中是否有图片对转发数有显著影响，有图片的帖子更容易被转发。

本书探讨了突发公共卫生事件中社会网络结构和信息内容对于转发行为的影响。拥有更多粉丝的、对社会网络有更高个人影响的博主发布的微博信息更容易被转发。同时，帖子内容中含有更多积极情绪的和社交内容词汇的信息更容易被转发。由此看出，在突发公共卫生事件中，人们依旧在寻求社会支持和社会连接，正面情绪的内容能够给人以信心去度过危机事件。这些发现提示我们在健康议题的信息干预中多运用积极类情绪和有社会网络影响力的博主来发布信息更可能取得较好的传播效果。

本书的理论意义主要体现在以下三方面。

首先，本书为社交媒体中的健康传播研究进行了扩展。传统的健康传播活动主要依赖于接收影响（reception-effect）范式①，强调的是增加媒介信

---

① FISHBEIN M，CAPPELLA N. The role of theory in developing effective health communications [J]. Journal of Communication，2006，56：1-17.

息的曝光程度，而曝光的内容需要进行严谨的设计，用值得受众信赖的信息去说服受众。但是用这种社交媒体中用户的动态互动关系去研究传播过程就提出了新的理论问题。在社交媒体中的用户不仅作为信息的接收者，也同时是信息的生成者，在信息的收发过程中都是自主决定的，而不是被设计的。我们把转发行为作为用户在社交媒体中参与传播的较高程度的互动行为，去交换人们所需要的健康信息。通过更高程度的交往行为去研究人们的参与传播活动就更具意义。

其次，本书将信息传播的数量和结构这两个维度相结合进行研究，弥补了单一化的评价标准容易忽视社交媒体的结构性优势以及及时性优势的问题。① 信息传播领域对信息传播效果进行探索的研究中，对公共卫生事件的社交媒体信息分别从传播广度、深度和速度三个维度进行操作化定义，即分别对应为数量、结构和时效。② 但是以往研究均是从单一层面进行分析③，本书将社会网络结构因素纳入传播广度进行考量，进一步解释了社交媒体的重要社交属性。

最后，本书拓展了传统的意见领袖理论在社交媒体的重要作用。未来的研究可以进一步分析社交媒体中的意见领袖与普通用户之间的互动关系，以及他们在公共卫生事件传播中所处的多重角色，以进一步掌握意见领袖如何影响人们态度的形成。这对于未来在不同议题中进一步厘清意见领袖的特征推进了一步。

在实践领域，公共卫生事件的信息干预活动中，更进一步找准议题的意见领袖，发现其与不同群体间沟通信息的中介作用以及近距离传播信息的渠道，用正面情绪的内容去扩散传播，以抓住潜在受众的注意、建立社会支持，帮助人们在公共卫生问题中建立更好的连接。

---

① GOEL S, ANDERSON A, HOFMAN J, et al. The Structural Virality of Online Diffusion [J]. Preprint, 2013, 6: 22-26.
② ZHANG L, PENG T. Breadth, Depth, and Speed: Diffusion of Advertising Messages on Microblogging Sites [J]. Internet Research, 2015, 25 (3): 89-104.
③ 张伦，胥琳佳，易妍. 在线社交媒体信息传播效果的结构性扩散度 [J]. 现代传播，2016 (8): 27-34.

第四章

公众参与科技争议的影响因素

第一节　媒介使用与舆论态度感知

　　持续了约 20 年的转基因争议仍旧在全球范围内被关注，并且伴随着每一次相关事件而成为社会热点话题。在我国，比如 2014 年原央视主持人崔永元赴美调查转基因拍摄纪录片，2017 年崔永元开始卖有机食品，每一次事件都引起了民众的热议，"挺转"和"反转"的人群都意见鲜明地表达着自己的观点。涵化理论指出，媒体在建构民众对于社会现实的感知、影响价值观、形成社会共识方面具有重要的教化作用。① 考察转基因事件的传播形态都能发现媒体在转基因议题中的重要作用，各国民众对转基因的排斥态度与媒体报道所持立场具有相关性，媒体报道是转基因争议形成的一个重要因素。② 我国新闻媒体构建的拟态环境中以"反转"的立场更多，新闻媒体和

① GERBNER G, GROSS L. Living with television: The violence profile [J]. Journal of Communication, 1976, 26 (2): 172-199.
② 范敬群，贾鹤鹏，艾熠，等. 转基因争议中媒体报道因素的影响评析——对 SSCI 数据库 21 年相关研究文献的系统分析 [J]. 西南大学学报（社会科学版），2014，40 (4)：133-141.

社交媒体中均呈现此特征。① 在互联网空间，反对转基因的比例远远超过支持者。②

那么公众在科学争议中是如何形成他们的支持或是反对态度的呢？学者们认为的一个前提假设是公众能够审慎地推理出有信息量又准确的判断③，这是从科学素养模型（science literacy model）延伸出来的，认为对公众进行科学教育就可以消除人们对科学的误解进而支持科学和科学家④。对此一些科学传播的学者并不认同，他们认为大部分公众应该被称为认知的吝啬者（cognitive misers）⑤，公众普遍依赖于启发式线索（heuristic cues）、那种快捷简便的信息，而在科学议题中做决策时只会偶然地受到事实类信息的影响⑥。

大众传播学学者认为公众能否做出知情的、有意识的议题评估和判断，不仅受到个人的社会地位诸如教育程度等因素的影响，更会受到社会结构和传播方式的影响，比如新闻媒介的使用和人际关系网络的影响。⑦ 也就是说，新闻媒体会把议题的不同特性传达给受众，告知支持或不支持某议题的各种

---

① 余慧，刘合濛. 媒体信任是否影响我们对转基因食品问题的态度——基于中国网络社会心态调查的数据［J］. 新闻大学，2014（6）：36-42.

② 黄彪文. 转基因争论中的科学理性与社会理性的冲突与对话：基于大数据的分析［J］. 自然辩证法研究，2016，32（11）：28-34.

③ MILLER J D, KIMMEL L. Biomedical communications：Purposes, audiences, and strategies ［M］. New York：Academic Press, 2001：83-84.

④ MILLER J D. The measurement of civic scientific literacy ［J］. Public Understanding of Science, 1998, 7：203-223.

⑤ NISBET M C, GOIDEL R K. Understanding citizen perceptions of science controversy：Bridging the ethnographic - survey research divide ［J］. Public Understanding of Science, 2007, 16：421-440.

⑥ CACCIATORE M A, SCHEUFELE D A, CORLEY E A. From enabling technology to applications：The evolution of risk perceptions about nanotechnology ［J］. Public Understanding of Science, 2011, 15：382-419.

⑦ SCHEUFELE D A, SHANAHAN J, KIM S H. Who cares about local politics? Media influences on local political involvement, issue awareness, and attitude strength ［J］. Journalism & Mass Communication Quarterly, 2002, 79：427-444.

原因，帮助其做出审慎的判断，而非偶然的决定。① 总而言之，新闻媒介的使用对于保持信息的传递和形成合理的意见是一种有效的方式。同时，生活在社会中的个体无时无刻不受到社会及群体的影响（social influence）。他人的态度以及群体的舆论方向，往往也在无形中引导及塑造着个体的行为决策与立场。

结合新闻媒介及群体影响的作用，我们关注媒介使用频率和舆论态度的感知问题，舆论氛围由媒体和群体沟通构成。本书将运用科学议题中的传播理念去探索公众如何构建他们对科技议题的态度。美国和韩国的学者对科技议题的态度构建进行过探讨和检验②，我们将对此前的研究结论和理论进行不同文化社会背景的检验，并考察在我国的传播语境中，新闻媒介的使用会如何影响公众的科技素养和态度。

一、媒介使用与议题判断

社交媒体时代，人们的媒介使用不仅影响其科学素养水平，也可能影响其对特定议题的看法。③ 大多数公众在科技议题上缺乏专业知识，因而增加了对媒介信息的依赖性，使得媒介对形塑公众的观点具有较大影响。④ 已有研究证实了大众媒介是普通公众获取科学信息的主要来源。⑤ 在对我国消费者的调研中发现，电视、广播、报纸和网络信息是消费者了解转基因食品的

---

① KIM S H, SCHEUFELE D A, SHANAHAN J. Think about it this way: Attribute agenda setting function of the press and the public's evaluation of a local issue [J]. Journalism and Mass Communication Quarterly, 2002, 79: 1-25.

② KIM S H, KIM J N, CHOI D H, et al. News Media Use, Informed Issue Evaluation, and South Koreans' Support for Genetically Modified Foods [J]. International Journal of Science Education, Part B: Communication and Public Engagement, 2013, 6: 138-146.

③ 金兼斌, 楚亚杰. 科学素养、媒介使用、社会网络：理解公众对科学家的社会信任 [J]. 全球传媒学刊, 2015, 6 (2): 65-80.

④ 李子甜. 青年群体的媒介曝露、争议性感知与第三人效果——以转基因食品议题为例 [J]. 东南传播, 2017 (5): 53.

⑤ GERBNER G, GROSS L, SIGNORIELLI N. Scientists on the TV screen [J]. Culture and Society, 1981, 18 (4): 41-44.

主要传播渠道，从媒体上获得的信息超过了监管机构、家人朋友的影响。① 食品风险信息通过传统大众媒体渠道传播对公众所产生的影响比通过社会化媒体渠道传播来得更大。② 在社会化媒体中，微信朋友圈的健康信息是被动接触信息的最重要渠道。③

那么媒介信息又是如何作用于人们对科技议题的判断的呢？对媒介议题的判断是个人通过理解各种支持或反对的意见，并进行比较后形成的态度。这个过程与伊格利和柴肯提出的系统意见形成（systematic opinion formation）相近，即认为形成议题的判断是一个多层次的、多层面的过程，并且需要满足几个认知条件。④ 这个过程主要包括以下两步。

（1）事实性知识

首先，需要通过必需的信息去获得事实性知识，需要意识到、回想起并理解基本事实。这是人们形成议题判断的最基础内容。

已有研究证明在公共议题中媒介使用与事实性知识相关⑤，报纸的主要功能之一就是提供知识信息⑥，对电视新闻来说，虽然受众对该媒介更为被动一些，但是研究者也发现了电视新闻和知识学习上的一些影响。⑦ 在新媒体的使用方面，我国学者对新媒体健康信息获取渠道进行了调查并对大学生

① 俞文博，顾焜乾，展进涛，等. 基于信息传递视角的转基因食品消费认知情况的实证研究——以南京市为例［J］. 农村经济与科技，2013，24（9）：37-51.
② 赖泽栋，曹佛宝. 专家角色与风险传播渠道对公众食品风险认知和风险传播行为的影响［J］. 科学与社会，2016，6（4）：35-46.
③ 张迪，古俊生，邵若斯. 健康信息获取渠道的聚类分析：主动获取与被动接触［J］. 国际新闻界，2015（5）：56-60.
④ EAGLY A，CHAIKEN S. The psychology of attitudes［M］. New York：Harcourt Brace Jovanovich，1993：245-246.
⑤ CHAFFEE S H，FRANK S. How Americans get political information：Print versus broadcast news［J］. The Annals of the American Academy of Political and Social Science，1996，546：48-58.
⑥ KIM S H. Testing the knowledge gap hypothesis in South Korea：Traditional news media, the Internet, and political learning［J］. International Journal of Public Opinion Research，2008，20：193-210.
⑦ EVELAND W P，Jr，SCHEUFELE D A. Connecting news media use with gaps in knowledge and participation［J］. Political Communication，2000，17：215-237.

群体进行了划分①，但是对于媒体如何影响人们对事实性知识的掌握没有进行系统的分析。

（2）态度形成阶段

对于态度的形成而言，往往需要人们对特定议题进行审慎推理。这一过程仅了解事实性知识是不够的，而需要更进一步的全面学习（integrated learning）。② 而这种学习是需要识别已有信息和新信息之间的关联，把各种零碎的信息完整地嵌入一幅整体图画中，这需要人们建立完整的知识结构，把事实进行消化吸收。这个全面学习的过程正是人们进行议题判断的核心，但并不是每个人都能自主完成这样的阶段，有研究指出公众对很多公共议题的理解仅停留于浅表及零散的事实性知识碎片。③ 媒体报道对于这些信息的整合及解读因此对受众的意见形成起到了至关重要的作用。媒体通常会提供解释性报道从多角度去帮助受众建立不同信息的关联，并尽可能全面地系统地去看待整体事件。可见，媒介信息在公众对事实性知识的获取和态度形成两个层面上都可能具有重要影响。

（3）转基因食品议题

对转基因食品话题的态度形成基于对相关零碎信息的整合，也即需要掌握该话题下的不同子议题。对子议题的理解与解读共同组成了对转基因食品话题的总体态度。

转基因食品的支持者和反对者的意见都建立在转基因食品的几个核心议题之上。首先，支持者指出转基因的农业生产益处，即转基因农作物的产量得以提升，减少劳动力投入，会给农民带来更多的经济收益。农产品最基本的需求就是产量，这也是对于转基因食品的优点中最需要考量的核心问题。但是对于转基因技术是否提升了农作物的产量依然存在争议。

---

① 张迪，古俊生，邵若斯. 健康信息获取渠道的聚类分析：主动获取与被动接触 ［J］. 国际新闻界，2015（5）：56-60.

② NEUMAN W R. Differentiation and integration：Two dimensions of political thinking ［J］. American Journal of Sociology，1981，86：1236-1268.

③ POPKIN S L. The reasoning voter：Communication and persuasion in presidential campaigns ［M］. Chicago, IL：University of Chicago Press，1991：182-184.

支持者的第二种理由是认为政府监管严格能够保障食品安全。因为我国的转基因监管有特定的专属部门，并且有严格的政策约束。我国是农业农村部代表国家管理转基因，这与美国不同，美国是农业部、食品药物管理局（FDA）、环境保护署（EPA）三家协同管理，它们被统称为转基因管理的有关部门。① 2016 年我国农业部部署过打击违规种植转基因作物的专项工作，并于 2018 年制定了《2018 年农业转基因生物监管工作方案》②。在监管方面最受关注的是转基因标识问题，转基因标识分为自愿标识、定量全面强制标识、定量部分强制性标识和定性按目录强制标识四种，美国是 2016 年才有部分州开始立法强制标识，欧盟、日本等地采用的强制标识政策会有一个阈值，只要最终产品中的转基因成分含量在阈值以下，就可以不用标注了。比如欧盟的阈值规定为 0.9%，韩国规定为 3%，日本规定为 5%。而我国根据农业部颁布的《农业转基因生物标识管理办法》③，对 17 种转基因产品进行强制定性标识，即食品产品中含有转基因成分的就要在包装上标明"转基因标识"。所以我国是唯一采用定性按目录强制标识方法的国家，相对来看，我国的转基因监管政策非常严格。

第三种支持的理由是转基因作物可以减少杀虫剂的使用。美国科学院 2010 年发布的报告称美国的转基因农作物确实减少了杀虫剂的使用，也减少了水土流失。④

而反对转基因食品的意见主要聚焦于其健康危害。虽然还鲜有确切的证据证明转基因食品会导致健康问题，但是质疑者认为从长远的潜在风险来看，并没有充分的研究能够证明其安全性。这种质疑声无论在我国还是世界各国均存在，而且是反转派人士的核心论点。

---

① 农业部制定转基因生物监管方案，真要整治转基因食品乱象吗？[EB/OL]. 网易新闻，2018-02-06.
② 农业部办公厅关于印发 2018 年农业转基因生物监管工作方案的通知 [EB/OL]. 中华人民共和国农业农村部，2018-01-25.
③ 农业转基因生物标识管理办法（2017 年 11 月 30 日修订版）[EB/OL]. 中华人民共和国农业农村部，2017-12-22.
④ National Research Council. The impact of genetically engineered crops on farm sustainability in the United States [M]. Washington, DC: The National Academies Press, 2010.

另外的反对意见认为转基因作物会对环境和生态造成破坏。即转基因农作物会使新的基因进入到野生的其他作物之中，长成对除草剂具有很强抵抗能力的超级杂草（superweed），还会扰乱原本的生态链，导致不可预估的影响。

综上所述，我国的转基因食品议题内容主要集中于农业收益、政府监管、杀虫剂减少、健康安全、环境安全这五个方面，这些也是转基因食品在全球范围内受到争议的主要子议题。① 后文我们将进一步探讨人们基于这些议题的态度形成及其影响因素。

（四）研究假设与问题

本节将对议题判断的探讨从事实性知识和子议题所构建的态度形成阶段两个层面进行操作。首先，我们将考察事实性知识，即公众掌握的转基因食品信息的知识情况。这是议题判断的最基本要求，即事实性知识是人们对这个科技议题做出判断的基础。我们提出如下假设：

H1：转基因食品信息媒介使用频率和对转基因食品知识掌握的程度呈显著正相关。

在态度形成阶段我们从五个子议题来考察，因为转基因食品议题中的这些子议题基本涵盖了该话题的主要争议点和关键点，对这些子议题的理解可以有助于其拼凑和形成总体的对转基因食品的态度。对于形成对转基因食品的总体认知，我们考察的是公众对转基因食品的支持程度。由于我国新闻媒体和社交媒体中的报道均以"反转"立场的更多，整体报道偏负面，那么接触媒介越多的人越容易受到报道的影响，呈现负面的态度。据此我们提出：

H2：转基因食品信息媒介使用频率与对转基因食品的态度呈显著负相关。

而不同的媒介报道内容可能在不同的议题上呈现差别，那么对于态度的形成也会有不同的影响，为了进一步考察普遍的媒介使用以及转基因食品相

---

① KIM S H, KIM J N, CHOI D H, et al. News Media Use, Informed Issue Evaluation, and South Koreans' Support for Genetically Modified Foods [J]. International Journal of Science Education, Part B: Communication and Public Engagement, 2013, 6: 56-79.

关的媒介使用的影响，我们提出如下研究问题：

RQ1：转基因食品的不同子议题与各种媒介的使用频率的关系是怎样的？

从舆论态度感知的层面，我们首先考虑到媒介使用频率是人与媒介的客观关系，但同时应该关注到人们对于媒介的主观感知，即人们认为媒介报道的转基因食品是什么样的。从前文可知，学者们通过内容分析等研究方法能够客观获知媒体对于转基因食品是如何进行报道的，但是媒介所构建的环境和人们的感知之间可能存在差异，而感知才是引导人们态度和行为的决定因素，所以考察人们对媒介报道态度的感知非常必要。据此我们提出：

H3：公众的媒介态度感知与对转基因食品的态度呈显著正相关。

同时在舆论来源的多重路径中，我们还关注到了社会规范感知（injunctive social norm perceptions）因素对公众态度的影响。社会规范感知即他人对你的行为或意见的认可程度的感知。社会规范除了具有信息影响力之外，还能通过社会压力来达成群体在行为或意见上的一致性（conformity），常常影响公共事件的舆论氛围（opinion climate）。社会规范在重视人与人、人与群体间关系的集体主义社会中，如中国社会及很多亚洲国家，影响尤为明显。这在我国公民对草本产品的态度的实证研究中得到过证明①，也有研究发现在我国集体主义的文化环境中，他人的影响能有效弱化个体的敌对情绪②。科技议题往往会加入道德和情感因素③，对他人意见的感知可能会对自己形成态度产生重要影响。据此我们提出如下假设：

H4：社会规范感知与公众对转基因食品的态度呈显著正相关。

---

① 胥琳佳，陈妍霓. 受众对草本产品的认知态度与行为研究——基于公众情境理论模型和理性行为理论模型的实证研究 [J]. 自然辩证法通讯，2016（3）：49-56.

② ZHENG Y, MCKEEVER B W, XU L J. Nonprofit Communication and Fundraising in China: Exploring the Theory of Situational Support in an International Context [J]. International Journal of Communication, 2016, 10: 4280-4303.

③ NISBET M C. The competition for worldviews: Values, information, and public support for stem cell research [J]. International Journal of Public Opinion Research, 2005, 17: 90-112.

（五）研究方法

1. 样本选取

本研究的样本总体是全国网民。通过问卷调查的形式，委托问卷星样本服务进行在线调查。调研时间从 2018 年 1 月 20 日至 2 月 5 日完成全部样本采集。由于该课题的考察内容较多，而本书只是问卷中的一部分，所以问卷长度由于可能引起答题者疲劳而拆分成两轮问卷分别作答。第一轮问卷在样本库中发送链接，样本库中共有 2511 人浏览问卷链接，2080 人作答，最终有效问卷 1843 份。在第一轮问卷启动的第二天第二轮问卷即启动，第二轮问卷针对完成第一轮的答题者发起邀请，有 1842 人浏览问卷链接，1447 人作答，最终有效问卷 1089 份。为了减少两轮答题间隔中的其他干扰信息，我们尽可能地缩减了答题间隔，一方面确保答题者不在疲惫的状态下一次性完成所有的问题，另一方面在答题后一天起就发送第二轮链接保持了我们的问题的衔接性。为了保证答卷的有效性，问卷星公司在问卷页面中加入了陷阱问题，以及人工随机抽查答卷，研究团队最终对所有问卷随机抽查进行了复核。共两周的时间我们停止了所有问卷的作答，此时第二轮相对于第一轮的回收率为 69.6%，有效回收率为 59%，响应率较好。最终我们的有效样本为 1089 份。详见第二章的表 2.1 和表 2.2。

受访者女性与男性基本持平；年龄分布上，中国 2020 年人口普查统计显示 15-59 岁为 63.35%，60 岁以上为 18.7%。[1] 而中国网民年龄分布情况为 20—29 岁为 29.7%，30—39 岁为 23.0%，40—49 岁为 14.1%，50—59 岁为 5.8%，60 岁以上为 4.8%。[2] 较之于全民的年龄分布，我们的样本群体和网民的年龄分布比例更为接近，所以本研究的样本在一定程度上代表的是中国网民的群体特征。

---

[1] 国务院第七次全国人口普查领导小组办公室，2020 年第七次全国人口普查主要数据，2022-10-10.

[2] 网民性别结构趋向均衡 20—29 岁年龄段的网民占比最高 [EB/OL]. 人民网，2017-08-04.

2. 变量测量

（1）事实性知识

对议题判断探讨的第一步是考察其事实性知识的掌握程度。对于转基因食品的事实性知识的考察是由 7 个正误判断题组成的，分别为：（1）中国支持转基因技术的研发（正确）；（2）转基因大米和玉米在中国是商业化种植（错误）；（3）食品安全和环境安全是农业转基因技术的安全性的两个主要方面（正确）；（4）和美国相比，在对待转基因技术和转基因食品方面，欧洲更为消极一些（正确）；（5）美国是大量消费转基因食品的主要国家之一（正确）；（6）在中国，是否标注转基因成分还没有法律规定（错误）；（7）中国对转基因食品的判定是以转基因成分的百分比为准的（错误）。对于错误的事实性知识进行反向编码后，最终得分从 0 到 7 分，均值为 4.11，标准偏差为 1.265。

（2）子议题

我们针对农业收益、政府监管、杀虫剂减少、健康安全、环境安全这五个子议题分别设置问题，采用五点李克特量表（1＝十分不认同，5＝十分认同）进行分析。问题分别为"转基因食品增加了农民的收益，改善了他们生产农产品的方式"（农业收益，$M=3.56$，$SD=0.992$），"中国对基因重组的监管是非常严格的"（政府监管，$M=3.39$，$SD=1.027$），"基因重组技术通过增强农产品的抗虫性降低了农药（如杀虫剂）的使用"（杀虫剂减少，$M=3.69$，$SD=0.865$），"转基因食品对人体来说是安全的"（健康安全，$M=2.74$，$SD=0.989$），"转基因技术对环境的影响是可以忽略不计的"（环境安全，$M=2.51$，$SD=1.003$）。

（3）对转基因食品的态度

对转基因食品态度的测量我们设计了 5 个问题，仍然采用五点李克特量表（1＝十分不认同，5＝十分认同）进行分析。问题表述分别为"总体上，你如何看待转基因食品？"（$M=2.55$，$SD=0.95$），"我经常买转基因食品"（$M=2.29$，$SD=1.11$），"我不会购买任何含有转基因成分的产品"（反向，$M=2.73$，$SD=1.06$），"不论价格如何，我都倾向于购买有机产品，而非转基因产品"（$M=2.11$，$SD=0.94$），"我认同在食品生产中使用基因重组技术"

（$M=3.04$，$SD=1.01$）。这五个问题最终合并为一个独立变量（$\alpha=0.80$）。

（4）转基因食品信息相关媒介使用频率

为了考察针对转基因食品议题的媒介使用，我们设置了"从以下渠道中获取转基因食品信息的程度？"（1＝非常少，5＝非常多）。选项包括电视新闻（$M=3.33$，$SD=1.02$）、网页（如百度、网易等）（$M=3.87$，$SD=0.94$）、手机APP（如今日头条等）（$M=3.53$，$SD=1.03$）、社交媒体（如微信、微博等）（$M=3.62$，$SD=1.02$）、报纸（$M=2.71$，$SD=1.13$）、时事杂志（$M=2.56$，$SD=1.11$）、广播（$M=2.52$，$SD=1.12$）、健康杂志（$M=3.19$，$SD=1.13$）。

由于个体媒介渠道的普遍使用频率可能对专门针对转基因食品的媒介使用产生影响，我们也收集了人们的媒介普遍使用频率。具体而言，我们把媒介渠道分为报纸、电视、广播、网页和社交媒体来分别测量其使用频率，选项的频率中1＝不看，2＝比一周1次还要少，3＝一周3-5次，4＝每天一次，5＝每天3次以上。"平均来看，你使用以下媒介的频率是？"，分别为报纸（$M=2.51$，$SD=1.05$）、电视新闻（$M=3.55$，$SD=0.88$）、广播（$M=3.37$，$SD=0.95$）、网页（$M=4.36$，$SD=0.79$）、社交媒体（$M=4.35$，$SD=0.82$）。媒介普遍使用频率作为控制变量应用于之后的回归分析。

（5）转基因食品信息相关的媒介态度感知

我们对媒介报道分为电视、报纸和网络三种渠道，答题项1＝非常不喜欢，2＝不喜欢，3＝中立，4＝喜欢，5＝非常喜欢。问题分别为"你认为电视节目中关于转基因的报道持何种态度？"（$M=2.98$，$SD=0.83$），"你认为新闻报纸上关于转基因的报道持何种态度？"（$M=2.97$，$SD=0.81$），"你认为网络上关于转基因的讨论持何种态度？"（$M=2.79$，$SD=0.92$）。然后把这三者合并为一个独立变量（$\alpha=0.75$，$M=2.91$，$SD=0.69$）。

（6）社会规范感知

社会规范感知根据已有研究①，主要考察的是"你认为你的好朋友（$M=2.9$，$SD=0.93$）、父母（$M=2.72$，$SD=1.04$）、对你来说重要的人们

---

① CIALDINI R B, RENO R R, KALLGREN C A. A focus theory of normative conduct：Recycling the concept of norms to reduce littering in public places［J］. Journal of Personality and Social Psychology，1990，58（6）：1015-1026.

（$M=2.82$，$SD=1.02$）会如何看待你购买转基因食品的行为？"，选项中1=非常不喜欢，2=不喜欢，3=中立，4=喜欢，5=非常喜欢，然后把这四者合并为一个独立变量（$\alpha=0.88$，$M=2.81$，$SD=0.89$）。

（7）人口统计学特征

我们考察了性别、年龄、教育程度和家庭月收入水平。

二、对事实性知识与态度的预测

（一）描述性统计

获取转基因食品信息的媒介渠道中，最主要的渠道是网页和社交媒体，其次是手机APP、电视新闻、健康类杂志、报纸、时事杂志和广播。在媒介普遍使用方面，网络使用的频率最高，其次为电视新闻，然后是广播和报纸新闻。可见，获取转基因食品信息的媒介渠道和公众日常使用最多的媒介渠道是大致一致的。

对转基因食品的事实性知识的掌握程度总分的平均正确率为58.7%。正确率最高的题目依次为食品安全和环境安全、技术研发、美国情况和欧洲情况。可见，公众对转基因食品事实性信息的认识多集中于国际化的环境，人们对他国的情况更了解，反而对我国的监管和规定的了解程度十分有限。

对事实性知识的掌握程度，人口统计学特征中，性别差异显著（$t=4.23$，$p<0.001$），男性相较于女性而言掌握更准确的事实性信息；收入水平差异显著（$F=3.51$，$p<0.05$），由于单因素方差检验结果显著，我们进一步根据均值水平对月收入变量的各组别进行对比检验。结果显示，收入中等水平的组别，即月收入在8000—50000元的人群（$M=4.74$，$SD=1.40$），比低收入人群（$M=4.45$，$SD=1.38$；$t=2.15$，$p=0.03$）以及高收入人群（$M=4.21$，$SD=1.39$；$t=2.42$，$p=0.02$）在事实性知识水平掌握方面得到显著较高的分数，具体情况如表4.1所示。而年龄和教育程度的单因素方差检验结果均不显著。

表 4.1 事实性知识正确者与其人口特征的交叉分析表

事实性知识	性别		家庭月收入				合计
	男性 N=543	女性 N=546	少于 8000 元 N=121	8000—16000 元 N=559	16000—50000 元 N=366	多于 50000 元 N=43	N=1089
1. 技术研发	420	403	89	423	273	38	823
2. 商业化种植	217	208	49	220	144	12	425
3. 食品安全和 环境安全	481	495	110	493	336	37	976
4. 欧洲情况	346	311	65	349	220	23	657
5. 美国情况	348	330	71	352	234	21	678
6. 标注问题	245	213	42	242	163	11	458
7. 判定标准	251	203	41	248	150	15	454

（二）假设检验

我们采用线性回归，将事实性知识和态度分别作为因变量，核心自变量为转基因食品信息的媒介使用频率、社会规范感知和媒介态度感知，同时控制人口统计学特征变量及普遍媒介使用频率（见表4.2）。

线性回归方程为

$$Y = \beta_0 + \beta_1 X_1 + \cdots + \beta_p X_p$$

式中 Y 为因变量，表示事实性知识、态度；X 为自变量，表示转基因食品信息的媒介使用频率、社会规范感知、媒介态度感知。

$$H_0: \beta_{j_0} = 0; \qquad H_{j1}: \beta_j \neq 0, \qquad j = 0, 1, \cdots p。$$

当 H_{j0} 成立时，

$$T_j = \frac{\hat{p}j}{\hat{\sigma}\sqrt{c_{jj}}} \sim t\ (n-p-1), j = 0, 1, \cdots, p.$$

拒绝域，$|T_j| \geq t\partial/2\ (n-p-1)\ |, j = 0, 1, \cdots, p。$

如果原假设成立，说明回归系数等于0，也就是说自变量与因变量没有相关关系。这时候，T 统计量服从的是 t 分布，如果 T 统计量的值大于 $a/2$ 分位数，就说明原假设不成立。

结果显示，H1 只有部分支持，从网页内容中获取转基因食品信息与对事实性知识的掌握呈显著正相关，说明网页中的转基因食品信息内容会显著增添公众的事实性知识储备，而其他的媒介渠道都不相关。

在态度形成方面，观看越多电视新闻关于转基因食品的报道，越会对该议题持正面态度，而从网页获取转基因食品信息越多，越容易持负面态度，H2 得到部分支持。该结果可能揭示出电视中的转基因食品的报道更具正面倾向，而通过网页传递的转基因食品信息或许包含了更多反转的立场。结合前面的结果，可见，使用网页获取转基因食品的信息在增强人们对相关事实性知识的掌握的同时，或许也传递了否定立场，让人对该议题形成负面态度。

社会规范感知和媒介态度感知都与态度呈显著正相关，H3 和 H4 均得到支持。人们自身的态度与其所感受到的社会规范及媒介态度是高度一致的。具体而言，人们对于转基因食品的社会规范感知均值为 2.72，呈负面态度，也即人们感知的他人对转基因食品的态度较为负面，那么这种感知会影响公众形成自身的负面态度。同时，公众对报纸新闻、电视新闻以及网络对转基因食品的报道的感知也都偏负面，那么这种感知也可能影响人们形成自身的负面态度。

在人口统计学特征中，在回归分析控制了其他变量后，我们仍然发现了性别对事实性知识掌握的显著影响，男性对事实性知识的掌握程度高于女性。同时，性别对态度也有显著影响，女性更不支持转基因食品。年龄与态度呈显著负相关，即年龄越大的人越不支持转基因食品。

表 4.2　对事实性知识和态度预测的回归分析

变量分类	变量名（转基因食品信息媒介使用频率）	事实性知识	态度
核心变量	电视新闻	-0.011	0.086*
	网页	0.139***	-0.076*
	APP	-0.073	0.024
	社交媒体	-0.050	0.000
	报纸	0.028	0.072
	时事杂志	-0.025	0.027
	广播	-0.057	0.061
	健康杂志	0.011	-0.066
	Adj. R^2（%）	1.2**	2.2***
	社会规范感知		0.560***
	媒介态度感知		0.084**
	Adj. R^2（%）		41.0***
控制变量	人口统计学特征		
	女性	-0.121***	-0.102***
	年龄	0.050	-0.197***
	教育	-0.028	-0.013
	收入	-0.021	-0.027

变量分类	变量名 （媒介普遍使用频率）	事实性知识	态度
控制变量	报纸	-0.026	0.049
	电视	0.014	-0.087^{*}
	广播	-0.016	0.098^{**}
	网页	0.081^{*}	-0.047
	社交媒体	0.065	-0.001
	Total Adj. R^2（%）	4.1^{***}	48.8^{***}

注：$^{*} p<0.05.$ $^{**} p<0.01.$ $^{***} p<0.001$。

三、媒介使用的影响

为了回答 RQ1，即转基因食品的不同子议题与各种媒介使用频率的关系，对媒介使用做进一步分析，我们以不同的子议题作为因变量，以转基因食品信息媒介使用频率作为自变量，同时控制人口统计学特征，再次进行线性回归分析（见表 4.3）。

结果显示电视新闻与五个子议题均呈显著正相关，也就是说从电视新闻获取转基因食品信息的人更容易认同转基因食品对农业收益的好处、政府监管严格、杀虫剂减少以及健康和环境都相对安全，这也进一步解释了电视新闻对转基因食品态度的正相关，是从五个子议题共同构成了其总体态度的影响。

网页使用只与杀虫剂减少呈显著正相关，说明网页获取的信息加强了公众对于转基因食品会减少杀虫剂的使用的认知。

时事杂志与农业收益和环境安全均呈显著正相关，健康杂志与农业收益呈显著正相关，其与环境安全呈显著负相关，而与其原本和健康内容定位更相关的健康安全议题不相关。说明杂志对于转基因食品有一定的报道量，并且较为集中于农业收益的正面报道，对公众的农业收益有效性呈正面影响。

广播与农业收益呈显著负相关，与环境健康呈显著正相关。

另外，报纸、社交媒体、APP 对五个子议题均不相关，也进一步说明了这几种媒介对转基因食品的内容报道较少，或鲜少涉及这五类核心议题，所以对于人们的事实性知识和态度都不构成影响。

在人口统计学特征中，女性对转基因食品话题中的政府监管和健康安全方面的认知更为负面；年龄变量中，岁数越大的人对农业收益、政府监管、杀虫剂减少和健康安全的认知都更为负面。

表 4.3 对不同媒介使用的回归分析

	农业收益	政府监管	杀虫剂减少	健康安全	环境安全
转基因食品信息媒介使用频率					
电视新闻	0.142***	0.151***	0.093**	0.100**	0.079*
网页	0.042	0.008	0.115***	−0.029	−0.063
APP	−0.037	0.041	0.014	0.001	0.021
社交媒体	0.010	−0.059	0.18	−0.050	−0.028
报纸	−0.057	0.000	−0.069	0.083	0.064
时事杂志	0.104*	0.073	0.040	0.063	0.119**
广播	−0.127***	0.061	−0.009	0.063	0.097*
健康杂志	0.117***	0.067	0.058	−0.053	−0.093**
人口统计学特征					
性别（女性）	−0.030	−0.101***	−0.026	−0.085**	−0.040
年龄	−0.115***	−0.098**	−0.074*	−0.122***	0.019
教育	−0.051	0.042	−0.049	−0.014	0.003
收入	−0.033	0.073*	0.034	0.069*	0.035
Total Adj. R^2（％）	5.0***	8.5***	4.1***	6.0***	5.5***

注：*$p<0.05$. **$p<0.01$. ***$p<0.001$。

本书从议题判断的角度分别对事实性知识和不同子议题所构建的态度形

成阶段进行分析，主要探讨了媒介使用频率、媒介态度感知和社会规范感知对公众对转基因食品的态度的影响。

从事实性知识的掌握程度来看，我国公众对于本国的了解有所欠缺，尤其是对政府监管和对食品判定的硬性信息了解得不够，反而对国外的情况更了解。我们发现只有网页是公众获取事实性知识的主要媒介来源，而其他媒介对于转基因食品事实性知识的普及效果非常不显著。再进一步深入到转基因食品话题中的核心子议题可以发现，只有电视新闻全面涉及五个核心子议题，而其他媒介的关注点都比较分散，网页中的杀虫剂相关信息较多，广播和杂志多关注农业收益和环境问题，而其他媒介渠道尤其是日益兴盛的 APP和社交媒体等反而没有任何涉及。这主要说明转基因食品话题不是各类媒介报道和关注的重点，或者是其关注点跑偏，没有集中在这五个核心议题之上，尤其是政府监管层面内容严重缺失。

值得注意的是，电视新闻对核心子议题的关注最为全面，所以它对公众转基因态度的形成呈显著正相关，但是其对事实性知识的影响并不显著。这说明电视新闻的报道可能更偏重态度的导向，在价值层面上引导着公众，但是事实层面的内容有缺失。在未来的传播工作中，媒介应该成为主要的知识传授者，传播转基因食品的我国现状，主要包括商业化推广的情况和监管的法规力度等，让公众了解到这些事实性知识，这并不涉及"反转"或"挺转"的立场。比如在政府监管方面不用主观评价来告知公众我国政府监管很严格，而是通过客观的案例、条例等进行展示和解释。在判断转基因食品的方法上，我国采用的是定性按目录强制标识制度，不同于其他国家的按百分比来判断，这样的事实如果能生动地告知公众，公众会自行形成判断我们的监管是严格的还是不严格的。那么这种用事实的方法而不是把判断告知的方法才是媒介对于公众议题判断形成的正确运用。

对转基因食品的态度，无论是公众自身的态度、对媒介报道态度的感知，还是对社会规范的感知都是较为负面的，可见媒介环境与社会规范对此的总体氛围都更为"反转"。通过本研究，我们证实了媒介使用频率对于公众对转基因食品态度的重要影响，这种影响是贯穿于事实性知识层面和核心子议题的态度形成层面的。同时我们也再次证明了社会规范在我国争议性科学事件中的重要作用，人们对于他人态度的感知对自己态度的形成有重要影响，这也是未来的研究可以进一步深入的方面。

第二节　STEM 标准的电视媒介呈现

一、STEM 教育及其发展

科学、技术、工程和数学四门学科的教育简称为 STEM，对于培养学生进入相关技能的领域工作有重要的作用。STEM 教育已成为很多国家的科学教育政策主导和研究热点。①

多个国家都发布了本国的 STEM 教育发展规划，我国教育部也在《关于"十三五"期间全面深入推进教育信息化工作的指导意见（征求意见稿）》中提到"有效利用信息技术推进'众创空间'建设，探索 STEAM 教育、创客教育等新教育模式，使学习者具有较强的信息意识与创新意识"。这里的 STEAM 是在 STEM 的基础上增加了"Art"，把艺术教育也融入了 STEM 体系中。2015 年政府工作报告指出，要推动大众创业、万众创新，国务院办公厅随后印发《关于发展众创空间推进大众创新创业的指导意见》，对创客教育表示支持。而创客教育则需要推进跨学科知识融合的 STEM 教育。②

习近平主席在全国科技创新大会、两院院士大会、中国科协第九次全国代表大会上指出"科技是国之利器，国家赖之以强，企业赖之以赢，人民生活赖之以好。中国要强，中国人民生活要好，必须有强大科技"。而这强大的科技就需要国民从小打好扎实的科学、技术、工程和数学知识基础。国内

---

① 张宝辉，张红霞，彭蜀晋. 全球化背景下的科学教育发展与变革——2012 国际科学教育研讨会综述 [J]. 全球教育展望，2013（4）：28-30.

② 余胜泉，胡翔. STEM 教育理念与跨学科整合模式 [J]. 开放教育研究，2015（8）：13-16.

学者研究发现，STEM 教育对我国基础科学教育有借鉴价值①，但是有效的借鉴路径尚需发掘。

STEM 教育源于美国，并且于近年来越来越受到重视。美国商务部经济和统计局（ESA）预计，在 2008 至 2018 年间，STEM 职业的增长率是其他工作领域的两倍。② 在奥巴马总统的领导下，美国教育部给予了 STEM 教育优先的地位，旨在增加大学里 STEM 相关专业的数量，提高 STEM 学科的学生表现和培养该领域额外的十万名教师。

为了使 STEM 成为优先领域，奥巴马政府把他们的几项举措重点放在了基础 STEM 主题的早期学习上。事实上，STEM 概念的早期学习已被证明能促进儿童的入学准备以及以后的学业成就。③ 例如，对六个纵向数据集进行的 meta 分析发现，是否参与学前教育中的早期数学学习，对学龄前儿童在今后的学术成就，无论是数学还是其他学科，都有显著的预测作用。同样的，克莱门茨（Clements）和萨拉马（Sarama）认为，学前年龄的儿童们能够学习复杂的数学概念，以及 3 到 5 岁间进行了数学技能的干预学习，会使他们终身受益。④

二、STEM 电视节目

促进儿童早期学习 STEM 概念的一种方法是通过电视教育节目来进行。美国 2 岁到 8 岁的孩子大约每天花一个小时看电视⑤，不包括看电子设备视

---

① 唐小为，王唯真. 整合 STEM 发展我国基础科学教育的有效路径分析 [J]. 教育研究，2014（9）：32-33.
② LANGDON D, MCKITTRICK G, BEEDE D, et al. STEM: Good Jobs Now and for the Future [R]. Washington, DC: US Department of Commerce, 2011.
③ DUNCAN G J, DOESETT C J, CLAESSENS A, et al. School readiness and later achievement [J]. Developmental psychology, 2007, 43（6）：1428-1441.
④ CLEMENTS D H, SARAMA J. Early childhood mathematics intervention [J]. Science, 2011, 333（6045）：968-970.
⑤ RIDEOUT V. Zero to Eight: Children's Media Use in America 2013 [J]. Common Sense Media, 2013, 1: 3-19.

频，比如平板电脑和智能手机。研究表明，幼儿确实能从电视中学习①，儿童能从专门为教学而设计的课程节目中学习②。美国教育部最近的一份关于准备学习计划的报告中确认了高质量的媒体内容可以促进幼儿的入学准备。③

最早并且能令人信服的证据证明学龄前儿童可以从电视上学习是出自对芝麻街（Sesame Street）节目的评估。④ 3 到 5 岁的儿童在定期收看芝麻街节目超过 26 周后，在一系列包含节目的课程目标的评估中都比没有观看过该节目的儿童表现得更好，这些评估包括数字、分类和排序等技巧。最重要的是，芝麻街也被证明对学生的成就有着长期的影响，特别是在科学方面。孩子们在 5 岁时看芝麻街节目的时间预测了高中时期更高的科学成绩。⑤

除芝麻街外，研究还表明，幼儿可以从其他以科学为主的电视节目中学习 STEM 概念。Penuel 和他的同事（2010）测量了对 4 岁和 5 岁的儿童学前教育的科学表达能力进行媒体干预的影响⑥。干预材料选取的是公共电视节目中的视频片段和互动游戏，节目主要有《西德科学小子》（Sid the Science Kid）、《小鸟趣事多》（Peep and the Big Wide World）。研究发现，与参与读写课程的对照组相比，收看这些视频节目的学龄前儿童的科学话题的表达

---

① FISCH S M, TRUGLIO R T, COLE C F. The impact of Sesame Street on preschool children：A review and synthesis of 30 years' research ［J］. Media Psychology, 1999, 1（2）：165-190.

② KIRKORIAN H L, WARTELLA E A, ANDERSON D R. Media and young children's learning ［J］. The Future of Children, 2008, 18（1）：39-61.

③ WARTELLA E, LAURICELLA A R, BLACKWELL C K. The Ready To Learn Program：2010- 2015 Policy Brief ［R］. Evanston, IL：Center on Media and Human Development, 2016.

④ BOGATZ G A, BALL S. The Second Year of Sesame Street：A Continuing Evaluation：a Report to the Children's Television Workshop（Vol. 1）［J］. Educational Testing Service, 1971, 1：1-20.

⑤ ANDERSON D R, HUSTON A C, WRIGHE J C, et al. Initial findings on the long term impact of Sesame Street and educational television for children：The recontact study ［J］. A communications cornucopia：Markle Foundation essays on information policy, 1998, 2：279-296.

⑥ PENUEL W R, BATES L, PADNIK S, et al. The impact of a media-rich science curriculum on low-income preschoolers' science talk at home ［J］. International Society of the Learning Sciences, 2010, 2：238-245.

更好。

这项研究验证了几十年来的研究都在证明的问题，即电视对于儿童的学习尤其是数学、解决问题、工程和科学领域，都有促进作用。此前，《一号广场》（*Square One TV*）①、《设计小组》（*Design Squad*）、《3-2-1 接触》（*3-2-1 Contact*）、《数学小先锋》（*Cyberchase*）等节目都已被证实，对于评估设定的目标，孩子们的表现在观看完这些节目后可以得到有效提高。

那么，既然 STEM 学习如此重要，而且孩子们可以从电视上学习，我们则需要问：美国的学前电视教育中，STEM 内容的媒介呈现怎么样？中国的电视媒介教育应该如何对 STEM 内容进行呈现？具体来看，在美国已有教育者设计并广泛采纳使用的幼儿园科学和数学课程标准下②③，目前以 STEM 为主题的电视节目中都涵盖了哪些科学和数学的教学议题呢？电视节目中的议题内容和教学标准是否符合呢？

此外，根据美国电视性质的划分，公共电视和商业电视是其主要的两种形态。那么，公共电视上的科学和数学内容与商业电视中的是否有区别呢？教育是美国公共广播电视网（PBS）的一个重要使命，其儿童节目的部分经费是由教育部的准备学习计划（Ready to Learn program）资助的。④ 我们预期 PBS 的节目覆盖的 STEM 主题会比商业电视更广泛。

通过考察美国 STEM 电视节目中包含的课程教学标准，以及公共电视和商业电视中间的差异，我们希望为研究者、教育者和电视制作者指出开发和扩大电视节目中 STEM 议题的潜在方向。

---

① HALL E R, ESTY E T, FISCH S M. Television and children's problem-solving behavior: A synopsis of an evaluation of the effects of Square One TV [J]. The Journal of Mathematical Behavior, 1990, 9（2）: 28-54.

② National Governors Association Center for Best Practices, Council of Chief State School Officers. Common Core State Standards for Mathematics [R]. Washington, DC: National Governors Association Center for Best Practices, Council of Chief State School Officers, 2010.

③ NGSS Lead States. Next Generation Science Standards: For States, By States [M]. Washington, DC: The National Academies Press, 2013: 1-20.

④ SIMENSKY L. Programming children's television: The PBS Model [J]. The Children's Television Community, 2007, 3: 131-146.

为了考察美国儿童电视节目中哪些数学和科学议题被呈现出来，本节选择了一系列的剧集（episode），这些节目在介绍中都称包含了 STEM 议题，我们对其与幼儿园数学和科学课程标准进行了一一对应的编码。本书的研究范围仅限于科学和数学，因为没有被广泛采用的工程和技术的课程标准。样本的选择来自一个儿童观众在一两周内随意能看到的广播电视网中的儿童节目。

（一）样本选取

尼尔森电视收视率调查有全美电视节目和有线电视频道播出的所有儿童节目列表。本书选取的时间段为 2013 年 1 月至 2014 年 8 月，共有 348 个电视节目以 2 至 11 岁儿童为收视目标。由于本研究聚焦于学前教育的 STEM 教育，我们依据其在网上公布的节目介绍信息，从这 348 个节目中选取了包含 STEM 议题，目标对象为 3 至 6 岁年龄段儿童的节目。而节目介绍信息大多会在其播放的电视频道的网页上直接提供，没有提供的则从常识媒体（commonsensemedia. org）和互联网电影数据库（IMDb）上查找获得。所有提到 STEM 课程的视频中，既包括笼统的 STEM 各学科内容，如科学、技术、工程、数学，也包括具体的知识内容，比如动物、算数等。所有节目的名称都被再次输入常识媒体中搜索确认了其同样也能被家长和教育者们认定为 STEM 资源。

观众年龄是根据常识媒体的列表信息确定的。因为常识媒体上的适合年龄信息是由父母和教师观看者写的，它们体现了节目的实际观看年龄。最终的样本确定为 20 个节目，它们被认为包含了 STEM 内容，并且目标受众为学龄前儿童（3-6 岁）。

从 2014 年秋季剧中，每个节目随机挑选出三集 30 分钟的剧。其中一个节目《从地球到月球》（*Earth to Luna*）只有 15 分钟的剧，于是为了保证所有的节目时长相同，这个节目则选取了 6 集。最终的样本共由 63 集节目组成。

有关儿童媒介习惯的研究发现，花在看电视上的时间长于看流媒体（streaming media）的时间（Rideout, 2013）。所以我们选择的节目不能只在亚马逊（Amazon）、网飞公司（Netflix）、葫芦网（Hulu）这样的流媒体平台上提供，而是那些既在流媒体上有，也在电视台播出的节目。

4.4　STEM 电视节目样本表

目（季）	播出平台	节目描述中的 STEM 词汇（来源）	年龄
《烈焰与怪物卡车》（Blaze and the Monster Machines）第四季	尼克频道的幼儿频道（Nick Jr.）	STEM，科学（nickjr. com）	3+
《蓝色斑点狗》（Blue's Clues）第六季	尼克频道的幼儿频道（Nick Jr.）	数字，形状，生理学（Common Sense Media）	3+
《泡泡孔雀鱼》（Bubble Guppies）第三季	尼克频道的幼儿频道（Nick Jr.）	科学，数字，回收（nickjr. com）	3+
《宇宙量子线》（Cosmic Quantum Ray）第一季	The Hub	科学，物理，身体（Common Sense Media）	6+
《好奇的乔治》（Curious George）第八季	公共广播公司儿童频道（PBS KIDS）	科学，工程，数学（pbskids. org）	3+
《数学小先锋》（Cyberchase）第九季	公共广播公司儿童频道（PBS KIDS）	数学（pbskids. org）	5+
《恐龙丹》（Dino Dan）第二季	尼克频道的幼儿频道（Nick Jr.）	科学信息，实验，古生物学家（nickjr. com）	5+
《恐龙列车》（Dinosaur Train）第六季	公共广播公司儿童频道（PBS KIDS）	科学思维，博物学，古生物学（pbskids. org）	4+

续表

目（季）	播出平台	节目描述中的STEM词汇（来源）	年龄
《爱探险的朵拉》（Dora the Explorer）第七季	尼克频道的幼儿频道（Nick Jr.）	数学（nickjr. com）	3+
《从地球到月球》（Earth to Luna）第一季	Sprout	科学、科学探索	4+
《迪亚哥》（Go, Diege, Go）第3~5季	尼克频道的幼儿频道（Nick Jr.）	观看技巧、科学工具、动物（nickjr. com）	3+
《米老鼠俱乐部》（Mickey Mouse Club-house）第四季	迪士尼幼儿频道（Disney Jr.）	早期数学、形状、图案、数字（（im-db. com）	2+
《海底小纵队》（Octonauts）第二季	迪士尼幼儿频道（Disney Jr.）	海洋多样的物种（Common Sense Media）	4+
《神奇小队》（Odd Squad）第一季	公共广播公司儿童频道（PBS KIDS）	数学、运算（pbskids. org）	5+
《佩格和小猫》（Peg + Cat）第三季	公共广播公司儿童频道（PBS KIDS）	数学、测量、形状、模式、早期数学（pbskids. org）	3+
《芝麻街》（Sesame Street）第45季	公共广播公司儿童频道（PBS KIDS）	数学、科学（pbskids. org）	2+

续表

目（季）	播出平台	节目描述中的 STEM 词汇（来源）	年龄
《西德科学小子》（Sid the Science Kid）第二季	公共广播公司儿童频道（PBS KIDS）	科学（pbskids. org）	4+
《数学城小兄妹》（Team Umizoomi）第四季	尼克频道的幼儿频道（Nick Jr.）	数学、形状、数数、模式（nickjr. com）	3+
《万事通戴帽子的猫》（The Cat in the Hat Knows a Lot About That）第二季	公共广播公司儿童频道（PBS KIDS）	科学、科学家、探究（pbskids. org）	3+
《克拉特的动物世界》（Wild Kratts）第二季	公共广播公司儿童频道（PBS KIDS）	博物学、动物、观察、调查	6+

150

（二）编码

1. STEM 标准

采用美国国家幼儿园共同核心课程标准（Kindergarten Common Core State Standards, CCSS）中对数学的要求①，这个标准被 42 个州和哥伦比亚特区采用；以及新一代科学标准（Next Generation Science Standards, NGSS）中的幼儿园科学标准②，使用于 16 个州和哥伦比亚特区。同时也参照了美国幼儿教育协会（National Association for the Education of Young Children）和开端计划（Head Start）③ 所提出的学习目标，它们和共同核心课程标准以及新一代科学标准是一致的。

在电视叙事的语境中，数学和科学知识内容往往以特定的人物角色为了解决某个具体问题的形式来呈现，这就使得不同的课程标准比如数数、比较、加法等都在同一事件或情境中出现。例如，人物角色可能在数数某类物体，比较物体之间的区别以决定需要归入某一类，加入新的物体后再重新数一遍，或者把新加入的数量和已有数量进行相加的过程。在这之中，一些标准就很难区分开来，因为它们往往会同时出现。因此，我们把幼儿园核心课程标准编为 12 个编码，其中 4 个是数学的，8 个是科学的。具体如下：

共同核心数学标准中涉及幼儿园孩子的共有五个方面：数数和基数（Counting and Cardinality）、运算和代数思维（Operations and Algebraic Thinking）、10 以上的数的运算（Number and Operations in Base 10）、测量和数据（Measurement and Data）、几何（Geometry），每个类别里又被细分为多个主题。

---

① National Governors Association Center for Best Practices, Council of Chief State School Officers. Common Core State Standards for Mathematics［R］. Washington, DC Washington, DC: National Governors Association Center for Best Practices, Council of Chief State School Officers, 2010.

② NGSS Lead States. Next Generation Science Standards: For States, By States［M］. Washington, DC: The National Academies Press, 2013.

③ Head Start Project 是美国联邦政府资助的早期儿童教育项目，主要为低收入家庭 3—5 岁的儿童提供教育服务，被誉为美国学前教育的"国家实验室"。

　　我们把三个和数相关的类别（数数和基数、运算和代数思维、基于 10 的数和运算）合并编码为"数字类"。比如《米老鼠俱乐部》（*Mickey Mouse Club House*）里有一个片段，一个人物角色在给别的跳绳的朋友数数，其被编为"数字类"。还有《佩格和小猫》（*Peg + Cat*）中有角色需要一边数数一边比较物体并且判断谁的物体更多。

　　"测量和数据"的标准中有两句描述，分别为"描述和比较可测量的属性"以及"分类并对每种类别分别计数"。这两句考察的内容差别很大，故本书将其拆分为两个编码，分别对应为"测量"和"类别"。"测量"包括形状大小、体积等维度的测量，比如《佩格和小猫》中有角色需要测量制作一份蜂蜜蛋糕需要多少蜂蜜。"类别"比如《数学小先锋》中有一集，主人公们需要对一大堆垃圾进行分类，依据类别包括可重复使用的、可回收的、堆肥的或需要留在垃圾桶的。

　　"几何"标准对应的幼儿园内容为"形状"。在《泡泡孔雀鱼》（*Bubble Guppies*）中有动画人物在学习是六边形组成了蜂巢的形状。

　　新一代科学标准中确定了六个针对幼儿园儿童的科学标准，分别是"运动与稳定：力与相互作用"（Motion and Stability：Forces and Interactions）、"能量"（Energy）、"从分子到有机体：结构和过程"（From Molecules to Organisms：Structures and Processes）、"地球系统"（Earth's Systems）、"地球与人类活动"（Earth and Human Activity）、"工程设计"（Engineering Design）。除了"地球与人类活动"，其余五类对应地形成了五个编码栏目，分别为"力""能量""天气和气候""生物""工程"。而"地球与人类活动"标准中，有两个主题分别是"自然资源"和"自然灾害"。由于这两个主题如"测量和类别"一样也相差较远，我们选择用这两个二级主题为编码栏目，形成了七个编码条目。

　　"力"的内容里比如《好奇的乔治》（*Curious George*）里乔治用一个小凳子支撑长板，自己在板子的一端跳，把另一端的各种物品发射到天空中，运用的就是杠杆的力的原理。"能量"类别中比如《西德科学小子》里西德和朋友们研究光和各种能量，并且加燃料。"天气和气候"里比如《万事通戴帽子的猫》(*The Cat in the Hat Knows a Lot About That*)里卡通人物们去北极熊家里做客,然后在暴风雪中一起躲在洞穴里。"生物"则包含了各种各样的动物知识,比如《迪亚哥》(*Go, Diego, Go!*)、《海底小纵队》(*Octonauts*)、《克拉特的动物世界》(*Wild Kratts*)等节目里都有体现。另外《泡泡孔雀鱼》中有个市长因为胃痛被送去医院的情节,也是"生物"里对生命与人体等知识的表达。"工程"类比如《好奇的乔治》里乔治为了帮助朋友获奖而搭建了个工程游戏为他练习。"自然资源"比如《克拉特的动物世界》里卡通人物们一起在污染中保护一个满是牛蛙的池塘。"自然灾害"比如《恐龙列车》(*Dinosaur Train*)中巴迪和他的朋友们一起学习到了野火。

在新一代科学标准的每个标准之下又分为"科学和工程实践"(Science and Engineering Practices)、"核心学科理念"(Disciplinary Core Ideas)、"交叉概念"(Crosscutting Concept)三类说明。其中,"科学和工程实践"板块中列出了具体标准。涉及幼儿园阶段的该类标准共七条,分别是计划和开展调研,分析数据,解释并设计解决方案,找证据论证,提问和定义问题,开发和使用模型,获取、评估和沟通信息。我们将之归为一类编码条目"科学实践",就如数学标准中的"数字类"一样,这些主题往往都同时且重叠出现。比如《恐龙丹》(*Dino Dan*)中特里克在考察一种恐龙是否成群觅食的过程中就展现了以上七条中的六条标准。它们往往连贯出现。所以"科学实践"成了科学标准的第八个编码条目。

2. 编码

为了保证信度,四名编码员接受了编码方案培训。63 集节目被分成四份由编码员各自编码。四分之三的节目被双重编码以检验信度。总体的编码员间信度为 93%。每一类编码内容的信度分别见表 4.5 和表 4.6。

表 4.5 共同核心数学标准的编码内容和编码员间信度

标准	编码内容	一致性(%)	科恩指数 K
数数和基数(Counting and Cardinality)	数字类	81	0.62

153

标准	编码内容	一致性（%）	科恩指数 K
知道数字、数的序列、会数物体数量、比较数字大小			
运算和代数思维（Operations and Algebraic Thinking）	数字类	81	0.62
理解加法是合并或增加数量，减法是获取其中的一部分或拿走一部分			
10 以上的数的运算（Number and Operations in Base 10）	数字类	81	0.62
用 11~19 这些数字做基础运算			
测量和数据（Measurement and Data）	测量	100	1.0
描述和比较可测量的属性			
测量和数据（Measurement and Data）	类别	100	1.0
分类并对每种类别分别计数			
几何（Geometry）	形状	95	0.86
认识并描述形状，分析、比较、创造、组合不同的形状			

表 4.6　新一代科学标准的编码内容和编码员间信度表

标准	编码内容	一致性（%）	科恩指数 K
运动与稳定：力与相互作用（Motion and Stability：Forces and Interactions）	力	95	0.64
力和运动，作用的类型，能量和力之间的关系			
能量（Energy）	能量	95	0.64
能量守恒和能量转移			

标准	编码内容	一致性（%）	科恩指数 K
从分子到有机体：结构和过程（From Molecules to Organisms：Structures and Processes）	生物	91	0.79
生物体中的组织和能量流动			
地球系统（Earth's Systems）	天气和气候	95	0.64
天气和气候，生物地质学，人类对地球系统的影响			
地球与人类活动（Earth and Human Activity）	自然资源	100	1.0
自然资源			
地球与人类活动（Earth and Human Activity）	自然灾害	100	1.0
自然灾害			
工程设计（Engineering Design）	工程	91	0.74
定义和界定工程问题，提出可能的解决方案，优化设计方案			
科学和工程实践（Science and Engineering Practices）	科学实践	76	0.44
规划和开展调查，分析和解读数据，论证方案，提问并定义问题，开发和使用模型，获取、评估、交流信息			

每一集视频在对应的 12 个 STEM 内容中均被标记为包含（1）或不包含（0）。

三、STEM 教育节目及其影响

研究发现，在所有 63 集电视节目包含 STEM 标准的比例情况中，被体现得最频繁的标准为"科学实践"（65%）、"生物"（46%）和"数字类"（38.1%）。

涵盖内容最少的学习标准是"能量"（3.2%）、"力"（4.8%）和"自然灾害"（4.8%）。另外，类别（9.5%）、天气和气候（9.5%）都不到

10%，"测量"和"自然资源"出现的比例均为12.7%，"形状"出现的比例为19%，"工程"为25.4%。

这些节目在电视频道和常识媒体中介绍的包含了科学、数学、工程或这些学科的组合，样本中并没有节目明确地侧重于技术。在节目描述中往往提到了不止一个学科内容，或者直接笼统地使用STEM这个词。为了回答节目呈现和节目设计之间吻合度的研究问题，以下将具体对数学节目、科学节目、不同类别节目间展开分析。

1. 数学类节目

首先考察的是在介绍自己节目包含数学内容的节目中，实际包含数学标准的比例情况。在所有20个节目中，有10个节目描述其包含数学内容。

当我们单独来看这些自称为包含有数学内容的节目时，它们的比例显然会大幅提高，但是这种提升并不平均。数学类节目中的"数字类"（70%）和"类别"（20%）提升的幅度最大，基本比之前的分析提高了一倍，而"形状"（30%）和"测量"（20%）则只提升了一半。可见在电视节目中所呈现的数学教育主要偏重于数字类的内容。

2. 科学类节目

我们的样本中的20个节目中有14个被描述为包含了科学内容。有些节目被描述为既包含数学又包含科学内容。

当我们单独考察这些包含科学类内容的节目时，它们实际包含科学标准的比例排序发生了些微变化。"力"（4.4%）和"能量（4.4%）"是比例最低的，其次是"自然灾害"（6.7%）。"天气和气候"出现的比例是11.1%，"自然资源"的比例是17.8%，"工程"是33.3%。所占比例最高的依然是"科学实践"（73.3%）和"生物"（57.8%）。

3. 公共电视 vs 商业电视

为了检验公共电视的节目和商业电视的节目在内容上呈现是否存在显著差异，我们针对这些样本中的商业电视节目（N＝36）和公共电视节目（N＝27）编码的分布情况进行分析。

首先采用方差分析电视渠道是否能预测节目中数学标准的数量。方差分

析结果显著 [（F（1, 61）= 4.31, $p<0.05$）]。公共电视中的节目包含更多的数学标准（$M=1.07$, $SD=0.10$），而商业电视中的节目包含的数学标准较少（$M=0.58$, $SD=0.87$）。

同样地，方差分析检验电视渠道对节目中科学标准的预测同样显著 [F（1, 61）= 10.52, $p<.01$]。相比于商业电视节目（$M=1.28$, $SD=1.03$），公共电视节目包含了更广泛的科学标准（$M=2.30$, $SD=1.46$）。

随后，我们使用方差分析来检验电视渠道对 12 个编码类型即 STEM 标准的频率是否具有预测作用。在 12 个标准中，共有 5 个是显著的，分别是测量、类别、工程、自然资源、科学实践。这五类标准在不同的播出渠道中呈现显著差异，公共电视节目中的出现频率高于商业电视。

本书运用内容分析的方法，发现研究样本中的美国 STEM 电视节目更多地包含了以下几类标准：科学实践（如提问、定义问题等）、数字类（如数数、简单的加减法）、生物（如动物等）。而对力、能量、自然灾害的提及相对较少。可见，这些声称进行数学和科学教育的儿童 STEM 电视节目，确实包含了相关的内容，只是具体到不同的标准上，具体的领域的呈现度是有区别的。如果一些标准的内容相对缺乏，那么儿童从电视中学习到这些概念的机会就相对较少。

值得注意的是，被呈现最多的两个标准，即数字类和科学实践，被认为是在同类学科不同领域学习中的基础，只有很好地掌握这两类基础，才能继续学好该类学科①②③。例如，儿童要学习更为复杂的数学概念如乘法，就需要首先理解十进制，数字类的理解和能力是基础；儿童对科学理论的理解，比如重力和作用力，就需要他们理解科学理论建构的原理和运用，而这个理解的过程是需要通过提出问题、收集数据等科学实践的过程来完成。我

---

① CLEMENTSl D H. Mathematics in the preschool [J]. Teaching children mathematics, 2001, 7（5）：270.

② CLEMENTSl D H, SARAMA J. Learning and teaching early math: The learning trajectories approach [M]. New York: Routledge, 2014：158-160.

③ GELMAN R, BRENNEMAN K. Science learning pathways for young children [J]. Early Childhood Research Quarterly, 2004, 19（1）：150-158.

们考察的样本节目是面向学龄前和幼儿园阶段的儿童，这也就能较好地理解其所需要的是更为基础的科学和数学技能。实际上儿童在上学前对这些基础概念的学习确实会对其后在学校学习科学和数学产生影响①②。我们考察的样本中，也确实有一些针对更低龄儿童的节目，如《泡泡孔雀鱼》，会更加注重这些基础的技能，对应的标准的比例较高。

另一个原因则是因为一些议题内容在电视中呈现的难度更大，媒介形式的特征限制了一些内容的解释和讲授的有效性。比如数字是符号的表征，因此更适合视觉表现。而其他概念更抽象，而不那么容易被视觉化呈现。比如与力有关的概念，对于这个年龄的儿童在电视上的讲解会有一些难度，而如果能让他们实际操作摆弄物体则会更容易理解。但是电视并不是可以让观众参与操作节目里的物体的媒介，镜头的语言还受限于屏幕，儿童对于镜头中物体的运动的理解是不容易的，更难以将其转换到现实的运动世界中。

某些主题更经常地被节目呈现也源自它们对幼儿更具吸引力，只有当节目能更持久地吸引住观众的注意力，其内容的传播效果才可能更有效。样本中有一类编码是"生物"，就更多的是用动物的形式来呈现，动物是对哪怕非常年幼的孩子都很具吸引力的主题。③ 然而，还有很多议题也是非常适合视觉化展示的，却并没有在目前的节目中体现出来，比如自然灾害、天气和气候、类别等，这也为未来的媒介教育制作人提供了可能的机会。

此外，美国商业电视和公共电视对这些 STEM 标准的呈现也存在重要的差异。具体而言，编码中的五个学习领域在公共电视上出现的频率比商业电视更为频繁，五个领域分别是测量、类别、工程、自然资源和科学实践。公共电视中呈现的 STEM 主题更为丰富多样的形态反映了电视公司利益相关者

① BOWMAN B T, DONOVAN M S, BURNS M S. Eager to learn: Educating our preschoolers [M]. Washington, DC: National Academies Press, 2000: 23-56.

② DUNCAN G J, DOESETT C J, CLAESSENS A, et al. School readiness and later achievement [J]. Developmental psychology, 2007, 43 (6): 1428.

③ GELMAN R. First principles organize attention to and learning about relevant data: Number and the animate- inanimate distinction as examples [J]. Cognitive science, 1990, 14 (1): 79-106.

的不同目标，公共电视台承担着一定的教育功能，要向美国公众传递教育信息，而商业公司是没有这个天然使命的。因此，对于部分的 STEM 概念，儿童可能会在公共电视上接触到更多的学习机会。

本研究存在以下局限性：首先，编码是基于节目中是否包含 STEM 标准的内容来判定，而没有对这些内容的细节展开分析，比如其复杂程度、呈现的时间长度、是否在同一集里多次出现等。例如，节目中卡通人物在为跳绳的角色数数这个情节被编码为"数字类"，这和一个节目中的主人公需要想出一个策略去计算大量的数字（比如一大群企鹅逃跑了需要被全部找回来）在编码中是一样的，都被记为"数字类"。未来针对儿童 STEM 电视节目的内容分析需要更细化的编码方法，尽量考察每一类标准下的细节信息，以及在每集节目中的持续长度。其次，虽然样本的选取时间段能够在一定程度上代表美国 STEM 电视节目的基本情况，但是人们收看电视的习惯不断地在向网络视频平台上转移，受众可以自行搜索目标节目、可以反复观看自己喜欢的节目。未来的研究需要考虑到这些收视习惯的变化所带来的影响。有一些节目采取只在网络平台上播出，那么今后也需要考虑加入对这些节目的研究。未来还可以对这些 STEM 节目对于儿童的实际学习效果展开研究。

通过以上研究分析，可以对我国的 STEM 电视教育提供参考意义。本书结果显示美国自称是科学和数学教育类的电视节目确实包含了符合课程标准的科学和数学内容。我们也发现在这些标准中，还有一些不常出现在电视节目中的 STEM 内容可以更多地呈现给儿童，尤其是商业电视中的空间更大。我国儿童教育类电视对 STEM 议题在电视节目中的扩充尤为重要，因为在学前阶段电视教育类节目和幼儿园基本是儿童们接触到这些知识的主要途径。更重要的是，在追求 STEM 教育的过程中，更全面地体现和教育 STEM 相关各类标准除了经济因素驱动外，还有公民参与的需求。例如，通过教给儿童关于能量和自然灾害的知识，可以为今后其能更好地理解和参与能源和环境保护等相关的重要议题的政策讨论和制定奠定基础。随着技术的发展拓展了传播的渠道和影响，我们希望更多的电视制作者能创作出在包含简单且易于呈现的基础内容之上，同时也传递给我们的年轻公民以同样重要的教育内容。

第三节　社会文化因素的影响

随着科技与日常生活愈发地密切相关，公众对科学的理解和认知的程度正在逐渐加深，但是这种理解来自不同的渠道、不同的信源，科学信息在传播中变得不可控，公众对科学的误读削弱了科学的专业化和权威性，致使科学争议频发。

科学争议演变为社会热点问题往往都不再是单纯的科学问题，而是掺杂了政治、历史、国际关系等诸多话题的社会问题。转基因、食品添加剂、疫苗、PX项目等成为世界性的科学问题，我们都能从中发掘其伦理难题等向社会问题渐变的多种因素。

在对科学争议的影响因素分析中，学者近年来十分关注信任与价值等科学认知过程的心理变量[1]，包括社会信任[2]、系统信任[3]、信息发布主体可信度与消费者态度的关系等[4]。也关注到了新闻媒体在科学信息传播中的作用，包括新闻记者与知识生产[5]、媒介信息的框架[6]，以及信息内容对于消费者的影响[7]。近年来，我国对科学争议话题的研究迅速增加，考察的变量

[1] 贾鹤鹏，闫隽. 科学传播的溯源、变革与中国机遇 [J]. 新闻与传播研究，2017（2）：38-42.

[2] COSTA-FONT M，GIL J M. Structural equation modelling of consumer acceptance of genetically modified（GM）food in the Mediterranean Europe：A cross country study [J]. Food Quality and Preference，2009，20（6）：399-409.

[3] 陈璇，孙涛，田烨. 系统信任、风险感知与转基因水稻公众接受——基于三省市调查数据的分析 [J]. 华中农业大学学报（社会科学版），2017（5）：30-35.

[4] 张明杨. 转基因信息发布主体可信度对消费者态度的影响：作用机制与实证研究 [D]. 南京：南京农业大学，2015.

[5] 陈刚. 转基因争议与大众媒介知识生产的焦虑——科学家与新闻记者关系的视角 [J]. 国际新闻界，2015（1）：28-32.

[6] 吴文汐，王卿. 失衡的镜像：网络视频中争议性科技的媒介框架——以优酷热门转基因视频为例 [J]. 新闻界，2017（2）：15-19.

[7] 钟甫宁，丁玉莲. 消费者对转基因食品的认知情况及潜在态度初探——南京市消费者的个案调查 [J]. 中国农村观察，2004（1）：22-27，80.

大多是对国际学界已有的变量的验证。同时也存在问题，一方面，对普适的社会因素的验证还不完全；另一方面，从文化和哲学的角度尚缺乏对中国文化背景之下的社会文化因素和社会政治因素的研究①，也缺乏实证证据支持。

科学文化影响着人们的认知，也影响着政策的形成。公民认识论的提出，就是在关注各国社会文化所隐含着的对科学技术的认知和定位，这些认识也深刻地影响着各国科技政策的制定。② 本节则希望从社会文化的角度探讨公众对科学争议的态度的影响。

一、影响科技议题的社会文化因素

从社会文化的视角去探讨科学问题，即是要探索中国人在对待科学议题时，会受到哪些社会文化因素的影响。已有研究对"天人合一"有机自然观、反智论、对传统农业迷恋的乌托邦等文化因素进行了辨析③，但仍有其他社会文化因素可能对科技议题的态度形成产生着影响，这也是本书要探讨的主要内容。

本节选取转基因技术和食品添加剂的使用这两个议题来分析公众的态度。关于转基因技术的争议不绝于耳，尤其是转基因食品的商业推广，它是科学争议议题中最具代表性的议题之一。食品添加剂的使用问题是随着人为滥用食品添加剂所引发的，已成为公众最担心的食品安全风险。④ 这两个议题是非常典型的科学争议议题，受关注度高且知晓程度高。本节将系统实证地描摹转基因技术和食品添加剂的使用等争议议题的态度，并进一步探索其如何受到社会文化因素的影响。

---

① 贾鹤鹏，范敬群. 转基因何以持续争议——对相关科学传播研究的系统综述 [J]. 科普研究，2015（54）：83-92.

② 尚智丛，杨萌. 科技政策的文化分析——公民认识论的兴起与发展 [J]. 自然辩证法研究，2013（4）：23-28.

③ 范敬群，贾鹤鹏，彭光芒. 转基因传播障碍中的文化因素辨析 [J]. 中国生物工程杂志，2013，33（6）：138-144.

④ 欧阳海燕. 近七成受访者对食品没有安全感——2010—2011消费者食品安全信心报告 [J]. 小康，2011（1）：42-45.

（一）中医文化

文化价值观是指人们在一定的文化环境中对事物价值所进行的衡量、判断和取舍，是人对某种价值取向的坚定信仰和恒定追求。它对于科学发展有着复杂的影响。[1] 中医文化是我国传统文化中重要的价值观之一。

中医以象开端，建立在中医药的意象思维之上，其对本体问题的探索，来自《易经》与"河图""洛书"[2]。中医作为主导思维在过去的几千年中指导着中国人探讨生活的起源和疾病的治愈。在西医已经被普遍接受为治病的主导方式后，中医一直作为人们在辅助健康、养生和调理疾病中的辅助方法存在。2014 年一项针对大学生的调查中发现，相当大比例的人认为中医有用。[3] 可见中医文化不仅是传统意义上认为的年龄较大的群体的重要依托，同时也对青年人们具有较大影响。

中医的核心认识论是取象思维，这与其他运用科学思维的现代学科可能存在一定的冲突。由于中医与在研究方法，范式及医理上的差异，现代科学对中医长期以来一直存在较为否定的态度。[4] 这在一定程度上可能引起中医支持者对新科技发展的抗拒，即对中医越支持的人越会对具有科学争议的议题持保留态度。我们提出如下假设：

H1a：公众对中医的支持度与转基因技术的接受度呈负相关。

H1b：公众对中医的支持度与食品添加剂的使用的接受度呈负相关。

（二）宿命论

科学的概念和范式都是从西方传入，当科学信念和成果被传播的时候往往伴随着文化的涵化（acculturation）。涵化过程即是不同文化在频繁交流中的互相影响，这种影响往往会引起人们相关信念、规范和行为的改变。在信

---

[1] 戴宏，徐治立. 文化价值观科学功能探讨——以清教伦理与儒家文化为例 [J]. 科学学研究，2010，28（9）：1290-1293，1301.

[2] 张为佳：中医思维映射出的哲学态度 [N]. 中国中医药报（中央级），2014-01-23.

[3] 胥琳佳，陈妍霓. 受众对草本产品的认知态度与行为研究——基于公众情境理论模型和理性行为理论模型的实证研究 [J]. 自然辩证法通讯，2016（3）：49-56.

[4] 甘代军，李银兵. 文化全球化与知识权利：近代中医话语权衰落的根源分析 [J]. 湖北民族学院学报（哲学社会科学版），2018（2）：46-49.

念（belief）系统中，被国外学者广泛关注到的有宿命论。宿命论被认为是一种无法改变自己命运的信念，相信人的命运是由不可控因素造成的①，因此人为的主观改变最终并不会引起结果的改变。

有大量的研究发现宿命论在健康议题中产生重大影响，尤其是癌症相关议题，在不同的种族群体中，宿命论的观念可以对癌症的防治产生不同的预测作用。② 而国内的学者主要关注宿命论在文学作品中的体现。③

可见，宿命论对人们的文化认知和健康相关行为的选择都有可能产生较大影响，持宿命论信念的人可能认为外在的科技成果对命运的影响很小，可能对科学争议持更加开放的态度。我们提出如下假设：

H2a：公众对宿命论信念的支持度与转基因技术的接受度呈正相关。

H2b：公众对宿命论信念的支持度与食品添加剂的使用的接受度呈正相关。

（三）生物进化论

社会学和生物学总是息息相关，理性地阐释社会行为就需要对生命规律知识的把握。④ 斯宾塞认为生命科学"给社会科学带来伟大的归纳概念，没有生命科学就根本不可能有社会科学"⑤。

达尔文的生物进化论在学术界引发的震荡并非仅限于生物学，也波及社会学界。生物进化论已经成了当今最基本的科学世界观，在科学界怀疑者极少，在学术界追随者众，但在宗教领域被视作假说。目前进化史观非常盛

---

① FLÓREZ K R, AGUIRRE A N, VILADRICH A, et al. Fatalism or Destiny? A Qualitative Study and Interpretative Framework on Dominican Women's Breast Cancer Beliefs ［J］. Journal of Immigrant and Minority Health, 2009, 11（4）: 291-301.

② VRINTEN C, WARDLE J, MARLOW L A. Cancer fear and fatalism among ethnic minority women in the United Kingdom ［J］. British Journal of Cancer, 2016, 114（5）: 597 - 604.

③ 李梅菊. 从《德伯家的苔丝》看哈代小说创作中的宿命论思想 ［J］. 青海师范大学学报（哲学社会科学版）, 2011, 33（3）: 84-86.

④ 王天根. 生物进化论与斯宾塞社会进化观念的学理建构 ［J］. 广西师范大学学报（哲学社会科学版）, 2010, 46（6）: 34-39.

⑤ 赫伯特·斯宾塞. 社会学研究 ［M］. 张红晖, 胡江波, 译. 北京: 华夏出版社, 2001: 291.

行，比如赫拉利的《人类简史》，戴蒙德的《枪炮病菌钢铁》，都是进化史观。

生物进化论作为我国科学素养的调查内容之一，从知识认知的层面考察公众基本的进化知识的掌握程度。而本书要探讨的生物进化论是从文化价值层面考察公众对其的信念和态度，这种信念一旦产生，则可能影响人们的感知和决策，形成对社会架构和运转的基础信念价值体系。在知识、理解和信念三个维度中，知识层面的科学素养对应转基因等科学议题的认知水平，而信念层面的生物进化论，是作为一种文化价值观的社会文化因素在影响人们的态度，有研究发现持有"生物进化论"观点的人群和持有"创世论（Creationism）"观点的人群在做科学决策、政治决策等很多方面都不一样。①

生物进化论在近代中国的传播历经了三次高潮②，我国公众对该理论的接受程度非常高。相信进化论并理解自然选择的人，他们赞同物种的进化是通过自然选择的结果，但是并不意味着他们反对人工干预或选择。事实上，无论在国内还是国外，相关调查表明生物学家支持转基因的比例远比其他领域的科学家或公众高。而公众对该理论的信念也是在接受科学世界观和科学思想，那么作为科学技术成果的转基因技术和食品添加剂则可能因为科学价值的一致性而被接受。据此，我们提出如下假设：

H3a：公众对生物进化论的信念与转基因技术的接受度呈正相关。

H3b：公众对生物进化论的信念与食品添加剂的使用的接受度呈正相关。

（四）家庭结构和人口统计学特征

人口统计学变量作为基础变量总是出现在定量研究中，但是学者往往将其作为控制变量，认为其对因变量的影响较弱，或者将其合为一个变量去探讨，但是这两种方式都存在问题。首先，人口统计学特征对于科学争议性议题的影响尚无定论。有学者认为人口统计学特征变量对转基因食品消费者态

---

① WILLIAMS J D. Evolution Versus Creationism：A matter of acceptance versus belief［J］. Journal of Biological Education，2015，49（3）：322-333.

② 李楠，姚远. 生物进化论经由《新青年》在近代中国的传播［J］. 西北农林科技大学学报（社会科学版），2011，11（4）：25-29.

度的解释力很弱①，但有学者认为人口统计学特征变量显著影响消费者态度，但作用的具体方向尚未得出统一结论。② 其次，有研究将公众的性别、年龄、学历、家庭月收入和家中是否有 12 岁以下孩子作为一个自变量来预测公众对食品添加剂风险感知时发现，人口统计学变量的信度检验 Cronbach 系数低于 0.70 水平，并不具备较高的一致性③，难以作为单一自变量对公众的食品安全风险感知产生影响。所以我们有必要将人口统计学特征下的每一项指标都作为独立变量来单独分析，探讨出这些人口特征对于科学争议议题的具体影响。

在转基因和食用保鲜膜（储藏类添加剂）的研究中发现，学历和性别对风险感知有显著影响。④ 还有研究发现年龄、地域和家中是否有 12 岁以下孩子等家庭特征因素对消费者食品安全认知水平具有重要影响。⑤⑥ 那么我们将分别考察年龄、性别、地域、教育水平、家庭收入和家庭结构因素的影响。我们提出如下研究问题：

RQ1：人口统计学特征和家庭结构因素如何影响公众对科技争议的接受程度？

（五）研究方法

1. 样本选取

本书的研究样本总体为全国网民。通过问卷调查的形式，委托问卷星样本服务进行在线调查。调研始于 2018 年 1 月 20 日，历时两周，样本库中共

---

① HAMSTRA A M. Biotechnology in foodstuffs：Towards a model of consumer acceptance［M］. Hague：SWOKA，1991：103.

② 张明杨. 转基因信息发布主体可信度对消费者态度的影响：作用机制与实证研究［D］. 南京：南京农业大学，2015.

③ 吴林海，钟颖琦，山丽杰. 公众食品添加剂风险感知的影响因素分析［J］. 中国农村经济，2013（5）：39-42.

④ KIM S，JEONG S H，HWANG Y. Predictors of pro-environmental behaviors of American and Korean students：The application of the Theory of Reasoned Action and Protection Motivation Theory［J］. Science Communication，2012，35（2）：168-188.

⑤ 陈璇，孙涛，田烨. 系统信任、风险感知与转基因水稻公众接受——基于三省市调查数据的分析［J］. 华中农业大学学报（社会科学版），2017（5）：18-20.

⑥ BAKER G A. Food safety and fear：Factors affecting consumer response to food safety risk［J］. Food and Agribusiness Management Review，2003，6（1）：1-11.

有 2511 人浏览问卷链接，2080 人作答，最终有效问卷 1843 份。为了保证答卷的有效性，问卷星公司在问卷页面中加入了陷阱问题，以及人工随机抽查答卷，研究团队最终对所有问卷随机抽查进行了复核。详见第二章第一节的详细样本介绍。

2. 问卷设计

针对中医态度、进化论和态度的变量共设计 12 道问题（见表 4.7）。对生物进化论的测量由于只在信念层面而不是知识掌握的认知层面，所以只考察其是否相信生物进化论。另外，对转基因的态度和食品添加剂的态度的 α 系数均大于 0.7。

我们同时测量了性别、年龄、教育程度、收入水平、地域等人口统计学变量和家庭成员数量、孩子数量等家庭结构变量（见表 2.1）。其中，年龄是以每 10 岁为一个划分区间；地域测量的是"目前的居住地"，这个测量分为两步进行，首先按照我国的省份自治区直辖市特别行政区共 34 个地区进行问卷作答，没有采集到香港、澳门和台湾地区的数据，然后我们依据国家统计局的划分方法将地域划分为"东部地区""中部地区""西部地区"和"东北地区"进行编码；收入水平测量的是"你每月的家庭总收入是多少"；家庭成员数量测量的是"你目前家里住着几口人，包括你自己"，希望测量的是日常生活中的家人而非整个家族血脉对个体的影响。

问卷先展开了预调查，对具体问题进行调整更正，定稿后的调查问卷还特别注意了题项的排序，做到了宿命论、态度等变量里的问题随机排序，使答题人对任何一个问题的回答都尽可能少受前面题项的影响。

3. 受访者基本特征

统计结果显示，受访者女性比例稍高于男性；年龄分布上，中国 2010 年人口普查统计显示 20—29 岁为 17.14%，30—39 岁为 16.15%，40—49 岁为 17.28%，50—59 岁为 11.92%，60 岁以上 13.31%。而中国网民年龄分布情况，20—29 岁为 29.7%，30—39 岁为 23.0%，40—49 岁为 14.1%，50—59 岁为 5.8%，60 岁以上为 4.8%。较之于全民的年龄分布，我们的样本群体和网民的年龄分布比例更为接近，所以本书的样本在一定程度上代表

表 4.7 社会文化相关变量统计表

变量名	问题描述	取值	均值	标准差
中医态度	我一般生病会倾向于选择中医治疗	1＝十分不认同，2＝不认同，3＝不清楚，4＝认同，5＝十分认同	3.07	1.02
宿命论 （α＝0.76）	如果有人注定会得严重的疾病，那么不管他吃什么食物，他都会得病	1＝十分不认同，2＝不认同，3＝不清楚，4＝认同，5＝十分认同	2.70	1.10
	我的健康状况全靠运气		2.00	0.99
	我几乎做不了什么可以降低生病概率的事情		2.11	0.98
	看起来好像所有事情都可能引发疾病		2.73	1.07
生物进化论	我相信生物进化论	1＝完全不信，2＝有点不信，3＝不清楚，4＝有点信，5＝完全信	3.99	0.97

续表

变量名	问题描述	取值	均值	标准差
转基因态度（α=0.76）	我经常买转基因食品	1=十分不认同，2=不认同，3=不清楚，4=认同，5=十分认同	2.38	1.14
	我不会购买任何含有转基因成分的产品（R）		2.75	1.06
	不论价格如何，我都倾向于购买有机产品，而非转基因产品（R）		2.16	0.97
	我认为转基因食品在伦理上是有问题的（R）		2.60	0.92
	我认同在食品生产中使用基因重组技术		3.11	1.00
	我认同在药品生产中使用基因重组技术		3.30	0.98
食品添加剂态度（α=0.76）	我对使用食品添加剂持积极态度	1=十分不认同，2=不认同，3=不清楚，4=认同，5=十分认同	2.73	1.01
	我赞同在食品中使用适量的添加剂		3.37	0.99
	用食品添加剂来防止食品变质是必要的		3.41	0.96
	我愿意购买含有少量添加剂的食品		3.76	0.86

的是中国网民的群体特征。

家庭月收入水平方面，有超过半数的在 8000 元至 16000 元之间，教育程度方面，75.4%的人有本科学历，地域分布最多的分别是广东、北京和上海，集中在东部地区，样本人群中东部地区受访者超过半数，这和我国的人口分布情况相似。家庭成员为三人的超过半数，说明核心家庭是主要结构。没有孩子和只有 1 个孩子的数量占了绝大多数（见表 2.1）。

二、公众对科学争议的态度

本研究运用 $SPSS$18.0 软件对样本数据进行线性回归分析以检验研究假设。我们把转基因技术态度和食品添加剂态度分别作为因变量，把宿命论、中医态度和生物进化论作为自变量，同时控制了人口统计学变量和家庭结构因素。

线性回归方程为

$$Y = \beta_0 + \beta_1 X_1 + \cdots\cdots + \beta_p X_p$$

式中，Y 为因变量，表示对转基因技术态度、对食品添加剂态度；X 为自变量，表示中医态度、生物进化论。

$H_0 : \beta_{j_0} = 0$；　　$H_{j1} : \beta_j \neq 0$ （$j = 0, 1, \cdots, p$）

当 H_{j0} 成立时，

$$Tj = \frac{\hat{pj}}{\hat{\sigma}\sqrt{cjj}} \sim t \ (n-p-1), j = 0, 1, \cdots, p.$$

拒绝域，$| Tj | \geq t\partial/2 \ (n-p-1) \ |$，$j = 0, 1, \cdots, p$。

如果原假设成立，说明回归系数等于 0，也就是说自变量与因变量没有相关关系。这时候，T 统计量服从的是 t 分布，如果 T 统计量的值大于 $a/2$ 分位数，则原假设不成立。

从表4.8可知，公众对中医的态度与转基因技术支持度呈显著负相关（$\beta = -0.074$，$p < 0.01$），可见，越支持中医的人越不支持转基因技术，这与我们的研究假设 $H1a$ 相一致，但是对中医的态度对食品添加剂的态度的影响

并不显著，H1b 不支持。可见，本书中探讨的中医态度对科学争议的影响只
有部分支持。

表 4.8　预测转基因技术和食品添加剂支持度的回归分析

	转基因技术态度	食品添加剂态度
社会文化因素		
宿命论	0.131***	0.170***
中医态度	-0.074**	-0.005
生物进化论	0.114***	0.136***
人口统计学特征		
性别（ref. =女性）	-0.030	-0.039
年龄	0.012	0.015
收入水平	-0.013	0.021
教育程度	-0.005	-0.022
地域		
中部	0.002	-0.063**
西部	0.010	0.004
东北部	-0.052*	-0.034
家庭结构		
家庭成员	0.117***	0.083***
孩子数	-0.142***	-0.044
Total Adj. R^2（%）	5.7***	4.5***

注：* $p<0.05$. ** $p<0.01$. *** $p<0.001$。

研究假设 2 探讨的是宿命论观念与科学争议的态度的关系，宿命论观念
对于转基因技术（$\beta=0.131, p<0.001$）和食品添加剂的使用（$\beta=0.170$，
$p<0.001$）的支持度均呈正相关，说明持宿命论观念的人更容易支持转基因
技术和食品添加剂等科学争议，H2 得到支持。

研究假设 3 验证的是公众对生物进化论的支持度与科学争议的态度的关

系，研究发现进化论的支持度和转基因技术（$\beta=0.114$，$p<0.001$）和食品添加剂的使用（$\beta=0.136$，$p<0.001$）的支持度均呈正相关，说明支持生物进化论的人更容易支持科学争议，H3 得到支持。同时发现，在宿命论和生物进化论这两个均呈正相关的自变量中，对食品添加剂的使用的支持度要更高于对转基因技术的支持度。

我们的研究问题要考察的是人口统计学特征和家庭结构因素对于公众对科学争议的态度的影响。在人口统计学特征中，只有地域分布对转基因技术的态度和食品添加剂的态度均产生显著影响。在转基因技术议题中，东北部地区的人们更倾向于不支持转基因技术。这可能受到转基因食品的影响，在农产品生产发达的东北地区，人们对农产品的认知更具有地域的特性。而食品添加剂议题中，中部地区的人们更不支持食品添加剂的使用，这可能与一些发生于中部地区的非法食品添加剂的事件有关，比如安徽阜阳奶粉事件、河南瘦肉精猪肉火腿、湖南毒腐竹等，这些非法食品添加剂的使用的曝光造成了人们对于普遍使用的食品添加剂的排斥，事发地地区的人们在对待此类事件时更容易形成共识。

其他人口统计学变量包括年龄、性别、收入水平、教育程度等因素都没有显著相关性。可见对这类科技争议的态度并不是主要受到人口特征的影响，这在一定程度上反映出科学争议类议题的核心影响来自其他外在因素，而非人口结构性因素。

在家庭结构因素中，家庭成员数量与转基因技术态度（$\beta=0.117$，$p<0.001$）和食品添加剂的使用的态度（$\beta=0.083$，$p<0.001$）均显著相关，说明生活在成员数量越多的家庭中的人越容易支持科学争议议题。而孩子数与转基因技术态度（$\beta=-0.142$，$p<0.001$）呈负相关，说明孩子数量越多越容易不支持转基因技术。孩子数与对食品添加剂的使用的态度并不显著。

本书选取了转基因技术和食品添加剂的使用两个议题作为科学争议议题，探讨了社会文化因素、人口统计学特征和家庭结构因素等变量对公众对科学争议态度的影响，研究发现社会文化因素中的宿命论观念和生物进化论的支持度对科学争议的态度影响最显著，在两个议题中均呈现正相关，而具有广阔文化传统土壤的中医文化对科学争议态度的影响只在转基因技术的议题中显著相关。具有较大影响的是家庭结构因素，即家庭成员数量与科学争议的态度显著相关，家庭中孩子的数量与转基因技术的态度负相关。另外，人口统计学特征的解释力最弱，只有地域分布对科学争议的态度具有显著影响。这些结论有助于我们更好地理解公众对科学争议的态度的生成，同时还需进一步地解释和讨论。

本书选取的两个科学争议事件都和食品安全有一定关联，和公众的相关性很高，加之媒体在不同的阶段都有不同的报道，使之成为科学争议中最受公众关注的议题之一。食品添加剂的使用主要源于因一些非法添加剂的使用而被曝光的热点新闻事件，比如三聚氰胺事件等，一方面使公众分不清非法和合法的添加剂而盲目抵制所有食品添加剂的使用；另一方面，在合法添加剂的使用中，也会因为使用量的问题而产生争议。有研究对苏州市的调研发现，食品添加剂滥用所引发的食品安全事件已对公众的心理造成了一定的恐慌，尤其是当添加剂滥用的食品安全事件爆发后，公众的情绪反应激烈，并对食品市场的信心普遍下降。①

本次调查显示，公众的食品添加剂的支持度总体较高，呈正面态度，虽然也有一定的离散程度说明意见有一定的分散性，但总体来看，在没有食品添加剂相关的食品安全事件爆发的影响下，公众对此的态度比较正面，这说明常态的社会环境中，公众对食品添加剂的使用的支持度总体较为正面。

转基因技术方面，媒体构建的拟态环境中以"反转"的立场更多，新闻媒体和社交媒体中均呈现此特征。对公众态度的多次调查也显示，中国公众对转基因食品安全的支持度在下降，转基因科普活动的增加并未改善公众对转基因整体上的负面印象。②③

---

① 吴林海，钟颖琦，山丽杰. 公众食品添加剂风险感知的影响因素分析［J］. 中国农村经济，2013（5）：39-42.

② 余慧，刘合潇. 媒体信任是否影响我们对转基因食品问题的态度——基于中国网络社会心态调查的数据［J］. 新闻大学，2014（6）：52-56.

③ 贾鹤鹏，范敬群. 知识与价值的博弈——公众质疑转基因的社会学与心理学因素分析［J］. 自然辩证法通讯，2016，38（2）：48-52.

　　然而，本次对转基因技术的调查结果显示，公众的总体支持度较为中立，呈负面倾向。而与我国地缘接近的韩国公众大体上是支持转基因技术的，2008 年的全国大型调查发现，63%的韩国公众认为转基因成分的收益大于危害，但同时 71%的韩国公众认为转基因成分会带来严重的健康危害，可见争议也存在。与本研究使用相同的转基因食品支持度的测量方法，韩国公众在回答"我经常买转基因食品"（M = 2.34，SD = 0.96）"我不会购买任何含有转基因成分的产品（M = 2.75，SD = 0.96，反向编码）""不论价格如何，我都倾向于购买有机产品，而非转基因产品（M = 2.25，SD = 0.95，反向编码）""我认同在食品生产中使用基因重组技术"（M = 2.75，SD = 0.95）等问题时和我们的研究结果非常接近。① 尤为注意的是，此次调研中，我们对转基因技术的测量包含了转基因食品和转基因药品两个方面，公众对转基因药品的接受度高于转基因食品。而对转基因食品的考察加入了有机食品的对比，公众不会为了有机食品而完全放弃转基因食品，当然这其中会受到食品价格因素的影响，但从总体上可以看出，公众的支持度已远高于 2014 年的 17.8%。② 虽然我们无法与此前的研究做时间序列上的直接对比分析，因为每项研究所使用的测量方法不同，只能看出整体的态度水平。

三、宿命论、生物进化论与中医文化的影响

　　宿命论在我们测量的社会文化因素中是影响最大的一个因素，持有宿命论信念的人往往相信"人命天定"、因果报应，更倾向于叔本华的悲观主义思想，认为外在的变化无论是向好或是向坏都是偶然，而人的命运是一种注定，既来之则安之，所以对于新事物的接受度反而更为宽松。

　　植根于农业文明的中国传统文化，天命思想于中国哲学思想，有始基性

① KIM S H, KIM J N, BESLEY C J. Pathways to support genetically modified (GM) foods in South Korea: Deliberate reasoning, information shortcuts, and the role of formal education [J]. Public Understanding of Science, 2012, 22 (2): 169-184.

② 贾鹤鹏，范敬群. 知识与价值的博弈——公众质疑转基因的社会学与心理学因素分析 [J]. 自然辩证法通讯，2016，38 (2): 48-52.

的意义，关系到对整个中国哲学的理解。天命思想与源自美索不达米亚文化的宿命论虽然不同，天命思想对人的主观能动性给予一定的肯定，但是二者都把人的命数看作由外在力量来把握，是非人类自身所能把握的力量。所以宿命论的观念接受度很高，经由希腊传入印度，又广泛地影响着全世界的人们。现代文化深受美索不达米亚文化影响，也在不停地相互影响着。

我国的宿命论信念与年龄（$r = 0.039$，$p < 0.05$）、生物进化论（$r = -0.139$，$p < 0.001$）、中医态度（$r = 0.204$，$p < 0.001$）、孩子数（$r = 0.098$，$p < 0.001$）均显著相关。说明越年长的人越有可能持宿命论的信念，持宿命论观念的人越相信生物进化论、越支持中医，生孩子的数量也更多。这都可以看作是一种人生态度对于生活方式的选择所产生的影响。那么这种观念对于科学争议的抗争性其实是较弱的。

生物进化论在我国有优厚的土壤，调查结果显示其认可度非常高，在我国基础教育中的普及奠定了它的绝对地位。从本书可以看出，相信生物进化论与年龄（$r = -0.065$，$p < 0.005$）、教育（$r = -0.114$，$p < 0.001$）、中医态度（$r = -0.046$，$p < 0.05$）呈显著相关。这又证明了我国的基础教育对该理论的普及作用。

支持生物进化论的人更可能支持转基因技术，可见这种对生物进化论的普及对于科学思维的接受是有促进作用的，在科学争议的接受度上有正面的影响。人们对生物进化论的支持可能源于两个方面，一方面是从认知层面衍生开来，在充分理解科学思想的基础之上，公众理解科学后支持该理论，另一方面是单从信念层面上，不一定完全理解理论知识但是因为相信科学理论是科学正确的而信任和支持，这是由科学在为其背书，这更多的是受到文化价值的影响而对科学的接受。本书没有测量对生物进化论的认知，而历次科学素养调查中的生物进化论知识掌握程度也没有公开的数据，但是总体我国公民的科学素养程度还较低，尤其对科学知识的掌握程度远低于发达国家。由此推断，当人们被告知一种科学理论的正确后，人们加深的不一定是对这个理论本身的理解和接受，而是对科学的信念。这也从侧面反映出在我们的科普工作中，尤其是比如转基因技术这种争议性较大的议题中，对于已经有了明确负面倾向的公众，如果再继续针对此议题进行解释和分析的效果不理想的情况下，可以从其他议题入手，在其他科学议题和科学理论中加深其对科学的信念和信心，也能在波及争议议题时起到辅助作用。

中医文化的影响结果是最令人意外的，作为国人对待健康的重要传统方法理应在涉及健康议题时产生重要作用，但结果显示只有转基因技术议题中，中医文化支持者会不支持转基因技术，但是这种影响弱于宿命论和生物进化论的影响。从研究结果来看，公众对中医的总体支持度较为中立，证明中医文化的影响力不够强。而支持中医的人并不具有某一类型特征，其在性别、年龄、收入等方面都有较大差异，而中医本身也有不同的流派，其对人们世界观和价值观的指导作用从结论来看并不强。所以总体来看，中医文化的支持者并不一定对科学争议形成固定的刻板印象。

由于人口统计学特征对科学争议的影响尚无定论，本书通过转基因技术和食品添加剂的使用两个议题，为人口统计学特征的影响较弱以至于可以忽略不计提供了有力的证据。这为我们的政策制定者和科学传播工作者提供了依据，即人口统计学特征并不应作为针对科学争议议题的科普的核心考虑，这些因素的影响较小。而家庭结构因素的影响更大，即所共同居住的家庭人口总人数和孩子的数量，也就是说当共同居住的家庭人口数量增多时可能存在几种情况：其一，孩子数量的增加导致，那么从孩子数这个变量可以看出自己孩子数量越多的话自身越可能反对转基因技术和食品添加剂的使用，说明食品安全问题在面对幼龄人群时其风险会更为突出，人们会更为谨慎；其二，孩子增加伴随着照顾者的增加，老人过来一同居住，形成三代或多代同堂的大家庭，研究结果显示成员数量越多越可能接受科学争议，而年龄又没有显著影响，所以并不代表是老人对科学争议的态度更宽松，而可能考虑是由于家庭成员的相互影响作用更大，这是一种社会规范（social norm），即对你重要的人认为怎么样以及他们认为你会怎么样的感知所产生的对态度的影响，这种影响在我国公民的实证研究中得到过证明①，也在集体主义的环境

---

① 胥琳佳，陈妍霓. 受众对草本产品的认知态度与行为研究——基于公众情境理论模型和理性行为理论模型的实证研究［J］. 自然辩证法通讯，2016（3）：49-56.

中更容易受到他人的影响而弱化了自己的敌对情绪①；其三，增加的是保姆类人员，这同样可能受到第二种分析因素的影响，同时还可能受到经济因素即食品价格因素的影响。

综上所述，本章探讨了宿命论、生物进化论、中医文化等社会文化因素对科学争议的影响，从科学争议的社会文化方面提供了实证支持。一旦科技类议题能够持续不断地争议、发酵成为舆论热点，其都不只停留在科学层面的探讨，而加入了社会经济政治文化等多因素的影响。以往的转基因技术相关的调查鲜有关注到社会文化层面的因素，本书以实证的方式证明，社会文化认知对于人们的科学信念有较大影响，回答了在中国的传播语境之下公众的社会文化信念、价值是怎样的，以及如何影响科学信念的问题。这验证了文化认知理论中人们相信科学，但是会选择性地接受不同文化、社会、政治背景的信息。② 尤其是在转基因技术和食品添加剂这种争议议题中，不同个体的风险信息加工是不同的③，需要充分考虑到社会文化因素对风险感知的作用。

我们的传统文化社会理念在一定程度上确实影响着公众的科学态度，但是又需谨慎地看到，这些影响并不是根深蒂固不可根除地对科学认知形成了大障碍，相反其影响是有限的，而且还存在部分的正影响。那么，如何利用社会文化因素观念去转换固有的对科学的陈见和误读就是本书对于政策制定者和科学传播工作者提供的现实贡献。同时，将本研究作为基础性研究有针对性地解释了人口统计学特征等因素的影响，在未来的研究中更可以有的放矢地深入探讨诸如社会规范、信任、传播行为等其他因素的作用。

---

① ZHENG Y, MCKEEVER B W, XU L J. Nonprofit Communication and Fundraising in China：Exploring the Theory of Situational Support in an International Context ［J］. International Journal of Communication, 2016, 10：4280-4303.

② KAHAN D M, SMITH H J, BRAMAN D. Cultural cognition of scientific consensus ［J］. Journal of Risk Research, 2011, 14：147-174.

③ 汪新建，张慧娟，武迪，等. 文化对个体风险感知的影响：文化认知理论的解释 ［J］. 心理科学进展，2017（8）：28-32.

第五章

科技争议的公众参与

第一节　参与行为意图的作用机制

社会公益和慈善活动作为公民社会参与的一个重要组成部分，在当今世界许多国家都有长足的发展。尤其在美国，非营利性组织的公益募捐已然成为公众生活的一部分。仅 2010 年，美国非营利性组织就接收到 2900 亿美元捐款，其中有 220 亿美元流向健康组织。[①] 随着公民意识的不断觉醒，整个社会对于社会公益关注的热度不断升高，加之非营利性组织的发展使得公众参与的渠道不断扩大，可以预见公益募捐必将走向常态化。另外，公益募捐对于宣传健康理念，扶持医疗机构，抵御自然灾害，以及帮助疾患群体和弱势群体等都十分重要。因此对公众募捐态度及行为的关注具有相当程度的必要性。

从公众的募捐态度与行为来看，我国公众的募捐意识较为薄弱，募捐规模也较小。在 2009 年国家捐赠额所占 GDP 百分比的排名中，美国高居榜首，比例为 2.2%，而我国则处于末位，比例仅为 0.01%。[②] 此外，美国 75% 以

---

① MCKEEVER B. From awareness to advocacy: Understanding nonprofit communication, participation, and support [J]. Journal of Public Relations Research, 2013, 25 (4): 307-328.

② 杨团. 中国慈善发展报告 (2010) [M]. 北京: 社会科学文献出版社, 2010: 8-10.

上的慈善捐赠来自个人,而我国大部分捐赠来自企事业单位,个人捐赠不到20%①,说明我国的慈善募捐在社会大众中的普及程度还相当低,而这可能与我国政策扶植力度不够、人均国民收入水平较低、社会文化缺乏捐赠传统及相关理念等诸多因素有关。

一、公众情境理论和理性行为理论

行为理论认为,任何一种行为的产生都会受到相应的心理因素及认知过程的影响。② 在与慈善募捐有关的大众传播学领域,有两种理论可以较好地解释公众募捐行为产生的内在机制,即公众情境理论(the Situational Theory of Publics)和理性行为理论(the Theory of Reasoned Action)。

（一）公众情境理论

格鲁尼格提出的公众情境理论是探讨公众及其传播行为的一种理论,它用三个自变量来区分不同的公众类型,并用两个因变量来解释公众在问题情境下的传播行为。③ 三个自变量分别为:问题认知(problem recognition)、涉入度(involvement)和受限认知(constraint recognition)。问题认知是指当人们意识到某些事情缺失而形成一个问题,且未能立即解决的一种状态;涉入度是指人们感知到自己与某一问题情境的关联程度;受限认知是指人们意识到某一问题情境中的束缚,这种束缚限制了人们解决问题的能力,即人们感知自己在解决问题时所面临外界限制的大小。另外,不同公众面对问题情境会做出不同的行为反应,即两个因变量:信息搜寻(information seeking)和信息处理(information processing),前者体现了个体从外部寻求信息的过程,

---

① 高鉴国. 美国慈善捐赠的外部监督机制对中国的启示 [J]. 探索与争鸣, 2010 (7): 67-70.

② KIM J. Public segmentation using situational theory of problem solving: Illustrating summation method and testing segmented public profiles [J]. Prism, 2011, 8 (2): 32-48.

③ GRUNIG J E. A situational theory of publics: Conceptual history, recent challenges and new research [M] // MOSS D, MACMANUS T, et al. Public relations research: An international perspective. London, England: International Thomson Business Press, 1997: 183-185.

后者则体现了个体在内部加工信息的过程。大量的实证研究表明，公众情境理论具有较强的解释力，在分割受众和预测公众传播行为等方面发挥了重要作用，因而被视为公共关系与传播学研究和实践的基础理论①②③④。国外学者运用公众情境理论解释了美国大学生及平民参与慈善募捐活动的行为，证实问题认知、涉入度和受限认知能够有效预测个体搜寻与处理慈善募捐活动相关信息的行为⑤⑥，这也提示我们可以引入该理论来探讨中国公众慈善募捐行为产生的内在机制。值得注意的是，依据格鲁尼格的研究结论——信息搜寻与信息加工在概念上同属于一个上位概念，并且二者具有高关联，Aldoory 等学者将它们合并为一个变量——信息获取（information gaining）⑦；随后 McKeever 等学者关于公众参与慈善募捐活动的研究又为其提供了支持，因此本书也采用信息获取这一复合变量，作为个体在慈善募捐情境下做出的行为反应指标。

----

① ALDOORY L, VAN DYKE M. The roles of perceived "shared" involvement and information overload in understanding how audiences make meaning of news about bioterrorism [J]. Journalism & Mass Communication Quarterly, 2006, 83（2）: 346-361.

② DAI J. From the public's perspective: Narrative persuasion's mechanism, usage and evaluation in pap smear campaign among Chinese women living in the US [D]. Houston: University of Houston, 2011

③ TINDALL N T, VARDEMAN-WINTER J. Complications in segmenting campaign publics: Women of color explain their problems, involvement, and constraints in reading heart disease communication [J]. Howard Journal of Communications, 2011, 22（3）: 280-301.

④ WEISSMAN P L. The influence of problem recognition and involvement on perceived susceptibility to skin cancer [C] // Paper presented at the Annual Meeting of the International Communication Association, Montreal Quebec, Canada: Annual Meeting of the International Communication Association, 2008.

⑤ MCKEEVER B. From awareness to advocacy: Understanding nonprofit communication, participation, and support [J]. Journal of Public Relations Research, 2013, 25（4）: 307-328.

⑥ MCKEEVER B, PRESSGROVE G, ZHENG Y. Combining the situational theory of publics and theory of reasoned action to explore nonprofit support: A replication [C] //Paper presented at the Annual Meeting of the Association for Education in Journalism and Mass Communication. Washington DC: Annual Meeting of the Association for Education in Journalism and Mass Communication, 2013.

⑦ ALDOORY L, KIM J, TINDALL N. The influence of perceived shared risk in crisis communication: Elaborating the situational theory of publics [J]. Public Relations Review, 2010, 36（2）: 134-140.

（二）理性行为理论

菲什拜因（Fishbein）和阿耶兹（Ajzen）提出的理性行为理论认为，人的行为基于他们的行为意向，而个体的行为意向主要受两个因素的影响：态度和主观规范。①② 态度是指个体对执行某一特定行为结果的评估，如果对行为预期有一个良好结果，个体就会对其保持一个积极的态度，如果对行为预期有一个负面结果，个体则会对其保持一个低水平的态度。主观规范是指个体在做出是否执行某一特定行为的决策时感知到的社会压力，它反映的是重要他人或团体对个体行为决策的影响。个体会预期重要他人或团体对其是否应该执行某一特定行为的期望值大小，而后根据自己的顺从意向，调整自己的行为。如果一个个体具有较高的主观规范，则其更有可能执行这一特定行为，而对于一个具有较低主观规范的个体而言，其感知到的社会压力较弱，执行这一特定行为的意向也较低。

理性行为理论也适用于解释公共关系与传播学领域中的公众行为意向。例如，在校生的献血行为意向与他们的态度、主观规范和自我效能感等显著相关。③ 态度和主观规范能够有效预测美国大学生及平民参与慈善募捐活动的行为意向④⑤。国内方面，对辽宁省居民慈善募捐的态度及行为进行的调查发现，态度及主观规范对当地居民慈善募捐的行为意向具有显著预测作

① FISHBEIN M, AJZEN I. Beliefs, attitude, intention, and behavior: An introduction to theory research [M]. Reading, MA: Addison-Wesley, 1975: 283-285.

② FISHBEIN M, AJZEN I. Attitudes and voting behavior: An application of the theory of reasoned action [M] // STEPHENSON G M, DAVIS J M. Progress in applied social psychology. London: Wiley, 1981: 156-180.

③ GILES M, MCCLENAHAN C, CAIRNS E, et al. An application of the theory of planned behavior to blood donation: The importance of self-efficacy [J]. Health Education Research, 2004, 19 (4): 380-391.

④ MCKEEVER B. From awareness to advocacy: Understanding nonprofit communication, participation, and support [J]. Journal of Public Relations Research, 2013, 25 (4): 307-328.

⑤ MCKEEVER B, PRESSGROVE G, ZHENG Y. Combining the situational theory of publics and theory of reasoned action to explore nonprofit support: A replication [C] //Paper presented at the Annual Meeting of the Association for Education in Journalism and Mass Communication. Washington DC: Annual Meeting of the Association for Education in Journalism and Mass Communication, 2013.

用，个体对慈善募捐所持的正面信念和结果评价越高，其对慈善募捐的态度就越积极，进而产生的慈善募捐行为意向就越高。① 这也提示我们在探讨中国公众慈善募捐行为产生的内在机制时，有必要将理性行为理论纳入考虑范围。

近年来，考虑到不同理论之间的相似性与互补性，越来越多的研究者开始结合相关理论来解释大众传播过程中公众行为产生的内在机制。例如，在关于大学生性暴力的研究中将公众情境理论与理性行为理论相结合，证实态度、主观规范和涉入度对寻求性暴力相关信息的行为意向具有最大的预测作用。② 学者结合了公众情境理论与理性行为理论的研究结果表明，理性行为理论相关变量对签署请愿书、捐款和联名上书等公益行为意向的解释力高达56%，而主观规范是其中最强有力的预测变量。③

为了更好地揭示公众募捐行为背后复杂的内在机制，McKeever 基于已有的理论与实证研究，将公众情境理论与理性行为理论相结合，提出了情境支持理论（the Theory of Situational Support）。④ 该理论认为，信息获取与行为意向是一个连续的统一体，它受到个体的问题认知、受限认知、涉入度，以及态度和主观规范共同构成的情境支持力量的影响；问题认知、涉入度、态度和主观规范对情境支持具有正向预测作用，而受限认知则负向预测情境支持。情境支持理论很好地解释了美国大学生的慈善募捐行为，并在针对美国

---

① 张进美，刘天翠，刘武. 基于计划行为理论的公民慈善捐赠行为影响因素分析——以辽宁省数据为例 [J]. 软科学，2011，25（8）：71-77.

② JIN B. Understanding collective efficacy as shared efforts from theory of reasoned action and situational theory of publics perspectives [C] //Paper presented at the Annual Meeting of the NCA 93rd Annual Convention, Chicago: Annual Meeting of the NCA 93rd Annual Convention, 2007.

③ WERDER K, SCHUCH A. Communicating for social change: An experimental analysis of activist message strategy effect on receiver variables [C] //Paper presented at the Annual Meetings of the International Communication Association. Montreal Quebec, Canada: Annual Meetings of the International Communication Association, 2008.

④ MCKEEVER B. From awareness to advocacy: Understanding nonprofit communication, participation, and support [J]. Journal of Public Relations Research, 2013, 25（4）：307-328.

平民的全国性调查样本中得到了验证①，因此它可以作为中国公众慈善募捐行为产生的内在机制之一（见图 5.1）。

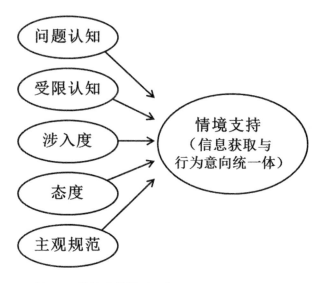

图 5.1　情境支持模型示意图

　　然而，McKeever 在提出情境支持理论时也指出，一方面，获取慈善募捐相关信息的个体之后更有可能参与慈善募捐活动；而另一方面，产生了参与意向的个体之后更有可能去获取相关信息。这提示我们，信息获取与行为意向作为个体面对问题情境时做出的两种不同反应，可能并非连续而统一，二者可能具有一定的先后顺序。因此，除情境支持模式外，我们在结合公众情境理论与理性行为理论探讨公众募捐行为产生的内在机制时，还应考虑到另外两种可能存在的模式。

　　一种是基于 McKeever 的推断之一——对募捐相关信息的获取可能增强个体参与募捐活动的意向构建而成的信息获取—行为意向模型（见图 5.2）。

　　①　MCKEEVER B, PRESSGROVE G, ZHENG Y. Combining the situational theory of publics and theory of reasoned action to explore nonprofit support: A replication［C］//Paper presented at the Annual Meeting of the Association for Education in Journalism and Mass Communication. Washington DC: Annual Meeting of the Association for Education in Journalism and Mass Communication, 2013.

根据公众情境理论的观点，个体的问题认知、受限认知和涉入度首先预测其对募捐相关信息的搜寻及处理。① 这种获取募捐相关信息的成功体验可能提升了个体对自己能够顺利地完成募捐活动，并从中获得自我实现等心理需求满足的主观判断，即自我效能感②，进而强化了个体参与募捐活动的内在动机，并促进个体产生了相应的行为意向。结合理性行为理论的观点③④，个体获取募捐相关信息的成功体验这一内部因素，联合个体对募捐活动所持的积极态度等其他内部因素，以及个体感知到的来自重要他人或团体参与募捐活动的社会压力（即，主观规范）等外部因素，共同激发并维持着个体参与募捐活动的行为意向。据此，我们构建出了一条由问题认知、受限认知及涉入度预测信息获取，再由信息获取协同态度及主观规范预测行为意向的内在机制通路。

第二种则是基于 McKeever 的另一推断⑤——参与募捐活动的行为意向可能促使个体获取募捐相关信息构建而成的行为意向—信息获取模型（见图5.3）。根据理性行为理论的观点，个体的态度和主观规范首先预测其参与募捐活动的行为意向，这种行为意向其实是个体对募捐活动所持的态度及其感知到的关于募捐活动的主观规范与个体的实际募捐行为之间的一个中介变量。⑥ 在它的作用下，个体可能产生一系列与募捐相关的行为，其中包括对

---

① GRUNIG J E. A situational theory of publics：Conceptual history, recent challenges and new research ［M］// MOSS D, MACMANUS T, et al. Public relations research：An international perspective. London：International Thomson Business Press, 1997：206-210.

② BANDURA A. Self-efficacy in changing societies ［M］. Cambridge：Cambridge University Press, 1995：28-33.

③ FISHBEIN M, AJZEN I. Beliefs, attitude, intention, and behavior：An introduction to theory research ［M］. Reading, MA：Addison-Wesley, 1975：283-285.

④ FISHBEIN M, AJZEN I. Attitudes and voting behavior：An application of the theory of reasoned action ［M］// STEPHENSON G M, DAVIS J M. Progress in applied social psychology. London：Wiley, 1981：59-80.

⑤ MCKEEVER B. From awareness to advocacy：Understanding nonprofit communication, participation, and support ［J］. Journal of Public Relations Research, 2013, 25（4）：307-328.

⑥ KIM M S, HUNTER J E. Relationships among attitudes, behavioral intentions, and behavior. A meta-analysis of past research, part 2 ［J］. Communication Research, 1993, 20（3）：331-364.

募捐相关信息的搜寻与处理（即，信息获取）。结合公众情境理论的观点，除了行为意向这一连接态度及主观规范与信息获取行为的介导因素之外，获取募捐相关信息作为一种认知加工过程还受到了个体面临募捐情境时的问题认知、个体感知到的自己完成募捐活动所面临的外界限制（即，受限认知）及自己与募捐的关联程度（即，涉入度）等认知因素的影响。据此，我们构建出了一条由态度及主观规范预测行为意向，再由行为意向联合问题认知、受限认知及涉入度共同预测信息获取的内在机制通路。

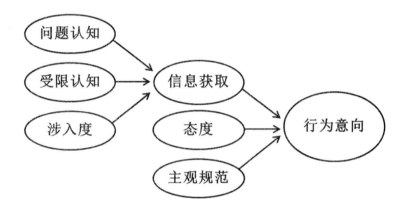

图5.2   信息获取—行为意向模型示意图

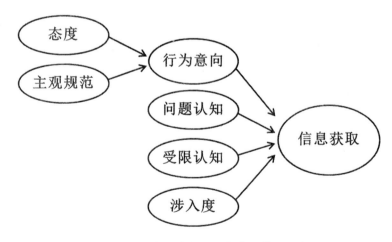

图5.3   行为意向—信息获取模型示意图

针对公众募捐行为产生的内在机制，我们提出了三种假设模型，即情境支持模型，信息获取—行为意向模型和行为意向—信息获取模型。那么，公众募捐行为产生的内在机制究竟符合何种假设模型呢？本书采用网络问卷调查的方法，基于公众情境理论与理性行为理论相结合的视角，考察中国内地高校在校生的慈善募捐行为，并通过结构方程模型分析比较三种假设模型的拟合程度，以期获得最优拟合模型从而揭示公众募捐行为产生的内在机制，并为促进中国公众的慈善募捐行为提供有价值的参考意见。

（三）研究方法

1. 调查问卷

首先请被试回忆其亲身参与过的令其印象最深刻的募捐活动，并回答与该募捐活动相关的问题（如募捐活动的时间、主题和组织者等）。然后，请被试逐一回答针对该募捐活动主题改编而成的一系列问卷条目（1~7七点计分，1代表"非常不同意"/"完全没可能"，7代表"非常同意"/"非常可能"）。这些条目改编自 McKeever 等人①②在相关研究中所采用的问卷。以"地震"这一募捐活动主题为例，相应问卷条目的构成如下。

（1）问题认知（problem recognition）。包含"平时我会有意识地去想和地震有关的问题""平时我会有意识地去想我能为那些受地震影响的人做些什么"和"大体上我很关心和地震有关的问题"三个条目，其内部一致性系数（Cronbach's α）为0.83。

（2）受限认知（constraint recognition）。包含"参加和地震有关的募捐活动很不方便""参加和地震有关的募捐活动很耗时间""参加和地震有关的募捐活动有很多的限制"和"参加和地震有关的募捐活动很容易"（反向

---

① MCKEEVER B. From awareness to advocacy: Understanding nonprofit communication, participation, and support [J]. Journal of Public Relations Research, 2013, 25 (4): 307-328.

② MCKEEVER B, PRESSGROVE G, ZHENG Y. Combining the situational theory of publics and theory of reasoned action to explore nonprofit support: A replication [C] //Paper presented at the Annual Meeting of the Association for Education in Journalism and Mass Communication. Washington DC: Annual Meeting of the Association for Education in Journalism and Mass Communication, 2013.

计分）四个条目，其内部一致性系数（Cronbach's α）为 0.74。

（3）涉入度（involvement）。包含"我自己和地震问题有某种关系""和地震有关的问题影响到了我的个人生活"和"我认识很多受到地震影响的人"三个条目，其内部一致性系数（Cronbach's α）为 0.83。

（4）态度（attitudes）。包含"我很喜欢和地震有关的募捐活动""亲身参与和地震有关的募捐活动让我感觉很好"和"我认为和地震有关的募捐活动有积极的影响"三个条目，其内部一致性系数（Cronbach's α）为 0.79。

（5）主观规范（subjective norms）。包含"我有一些关系要好的亲友曾经参与过和地震有关的募捐活动""和我关系要好的亲友们认为我应该参加和地震有关的募捐活动""通常我会做一些亲友们期望我去做的事情"和"通常我喜欢和那些对我来说很重要的人一起做事"四个条目，其内部一致性系数（Cronbach's α）为 0.66。

（6）信息获取（information gaining）。包含"你有多大可能去主动搜索和地震募捐活动有关的消息""你有多大可能去和别人分享和地震募捐活动有关的消息""如果你看到或听到和地震募捐活动有关的消息，你有多大可能去关注它"和"你会通过人人、微博、微信或其他社交媒体去交流和地震有关的信息吗"四个条目，其内部一致性系数（Cronbach's α）为 0.81。

（7）行为意向（behavioral intentions）。包含"我准备参与和地震有关的募捐项目"和"在不久的将来你有多大可能会参与和地震有关的募捐项目"两个条目，其内部一致性系数（Cronbach's α）为 0.86。

2. 被试及程序

按方便取样的原则通过网络调查的方式向中国内地高校在校生发放问卷 884 份，共收回问卷 586 份，其中有效问卷 512 份，问卷有效率为 57.92%。样本总体的人口统计学及相关测量指标见表 5.1。

表 5.1　样本总体的人口统计学及相关测量指标（N=512）

		N	%	M	SD
性别	男	186	36.3		
	女	287	56.1		
年龄（岁）				21.2	1.8
年级	大一	33	6.4		
	大二	134	26.2		
	大三	134	26.2		
	大四	99	19.3		
	硕士	64	12.5		
	博士	6	1.2		
募捐活动主题	自然灾害类	396	77.3		
	疾病类	75	14.6		
	贫困类	29	5.7		
	安全事故类	5	1.0		
	其他	7	1.4		
问题认知				14.9	3.7
受限认知				13.8	4.2
涉入度				10.5	4.4
态度				15.5	3.1
主观规范				21.1	3.3
信息获取				20.6	4.2
行为意向				10.5	2.3

注：由于存在缺失值，某些变量的频数和小于样本量。

3. 数据分析

采用结构方程模型（SEM）分析的方法，分别建立情境支持、信息获取—行为意向和行为意向—信息获取三种模型。情境支持模型包含 6 个潜变量，分别代表问题认知、受限认知、涉入度、态度、主观规范和情境支持，问题认知、受限认知、涉入度、态度、主观规范各自所含条目（分别为3、4、3、3、4个）分别作为其显性变量，信息获取及行为意向所含6个条目（Cronbach's $\alpha = 0.85$）作为情境支持的显性变量。信息获取—行为意向模型和行为意向—信息获取模型均包含7个潜变量，分别代表问题认知、受限认知、涉入度、态度、主观规范、信息获取和行为意向，它们各自所含条目（分别为3、4、3、3、4、4、2个）分别作为其显性变量。

上述分析采用 Mplus 7.0 进行。多变量正态分布检验结果表明，数据呈非正态分布（$\chi^2(2, N=512) = 1155.03$，$P<0.001$），根据 Satorra 和 Bentler 的建议[1]，采用调整卡方统计量（S-B χ^2）和稳健标准误（robust standard errors）的方法加以校正[2]。模型适配度选取以下适配指标：比较适配指数（CFI）[3]、非规准适配指数（NNFI）[4] 和渐进残差均方和平方根（RMSEA）[5]。模型拟合良好的一般标准为：CFI $\geqslant 0.90$，NNFI $\geqslant 0.90$，RMSEA $\leqslant 0.06$。[6][7] 采用贝叶斯信息准则（BIC）[8] 比较模型间的拟合程度，

---

① SATORRA A, BENTLER P M. Scaling corrections for chi-square statistics in covariance structure analysis [C] // American Statistical Association 1988 proceedings of the business and economic section. Alexandria: American Statistical Association 1988 proceedings of the business and economic section, 1988.

② 方敏，黄正峰. 结构方程模型下非正态数据的处理 [J]. 中国卫生统计，2010, 27 (1): 84-87.

③ BENTLER P M. Comparative fit indexes in structural models [J]. Psychological bulletin, 1990, 107 (2): 238-246.

④ BENTLER P M, BONETT D G. Significance tests and goodness of fit in the analysis of covariance structures [J]. Psychological bulletin, 1980, 88 (3): 588-606.

⑤ Steiger J. Tests for comparing elements of a correlation matrix [J]. Psychological Bulletin, 1980, 87 (2): 245-251.

⑥ BENTLER P M. Comparative fit indexes in structural models [J]. Psychological bulletin, 1990, 107 (2): 238-246.

⑦ HU L T, BENTLER P M. Cut off criteria for fit indexes in covariance structure analysis: Conventional criteria versus new alternatives [J]. Structural Equation Modeling: A Multidisciplinary Journal, 1999, 6 (1): 1-55.

⑧ SCHWARZ G. Estimating the dimension of a model [J]. Annals of Statistics, 1978 (6): 461-464.

两模型的 BIC 差值（ΔBIC）大于等于 6 即强有力地支持 BIC 值较小者拟合更优①。描述性统计及相关分析采用 SPSS 19.0 进行。

二、构建信息获取—行为意向最简约模型

（一）相关分析

表 5.2 呈现了公众情境理论和理性行为理论所含变量之间的相关系数。除受限认知与问题认知之间的相关未达到显著水平之外，其余各变量之间均呈显著的低度到中度相关（−0.09~0.57）。

表 5.2　公众情境理论和理性行为理论变量之间的相关

	1	2	3	4	5	6	7
1. 问题认知	1.00						
2. 受限认知	0.05	1.00					
3. 涉入度	0.34**	0.16**	1.00				
4. 态度	0.39**	−0.09*	0.22**	1.00			
5. 主观规范	0.27**	−0.14**	0.13**	0.46**	1.00		
6. 信息获取	0.38**	−0.12**	0.18**	0.38**	0.45**	1.00	
7. 行为意向	0.35**	−0.13**	0.17**	0.47**	0.49**	0.57**	1.00

注：$^*p < 0.05$，$^{**}p < 0.01$。

（二）结构方程模型分析

表 5.3 呈现了各结构方程模型的适配度。在所有路径系数自由估计的条件下，信息获取—行为意向模型（模型 2）和行为意向—信息获取模型（模型 3）拟合良好（二者拟合程度不存在差异），并且优于情境支持模型（模型 1）。为了进一步比较信息获取—行为意向模型与行为意向—信息获取模

---

①　RAFTERY A E. Bayesian model selection in social research [J]. Sociological Methodology, 1995（25）：111-163.

型的优劣,我们删除了模型2、模型3中不显著的路径①,分别得到信息获取—行为意向最简约模型(模型4)、行为意向—信息获取最简约模型(模型5)。模型4和模型5均拟合良好,但模型4的拟合程度优于模型5(ΔBIC =6.73),因此模型4是本书获得的最优拟合模型。

表5.3　结构方程模型适配度

模型	S–B χ^2	df	CFI	NNFI	RMSEA	BIC
模型1	723.99	215	0.87	0.85	0.07	37024.47
模型2	539.09	209	0.92	0.90	0.06	36848.80
模型3	539.09	209	0.92	0.90	0.06	36848.80
模型4	542.74	215	0.92	0.90	0.06	36814.34
模型5	542.60	214	0.92	0.90	0.06	36821.07

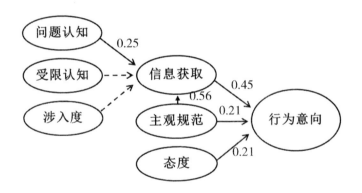

图5.4　信息获取—行为意向最简约模型

图中数值均为标准化路径系数(均 $p < 0.05$),虚线表示已删除的不显著路径。

信息获取—行为意向模型的最简约模型中各潜变量之间的关系如图5.4

---

① BENTLER P M, MOOIJAART A B. Choice of structural model via parsimony: A rationale based on precision [J]. Psychological bulletin, 1989, 106 (2): 315–317.

所示，问题认知能够显著正向预测信息获取（$\beta = 0.25$，$P < 0.001$），而涉入度、受限认知无法显著预测信息获取；态度、信息获取能够分别显著正向预测行为意向（分别为 $\beta = 0.21$，$p < 0.01$；$\beta = 0.45$，$p < 0.001$）；主观规范既能够直接预测行为意向，又能够通过信息获取间接预测行为意向（总体预测效应值为 0.46，$p < 0.001$）。该间接效应显著（效应值为 0.25，$p < 0.001$），表明信息获取对主观规范与行为意向之间的关系起中介作用；同时，该直接效应也显著（效应值为 0.21，$p < 0.05$），表明信息获取对主观规范与行为意向之间的关系起部分中介作用。

本节采用网络问卷调查的方法，基于公众情境理论与理性行为理论相结合的视角，考察了 512 名中国内地高校在校生的慈善募捐行为，并通过结构方程模型分析比较了三种假设模型，即情境支持模型，信息获取—行为意向模型和行为意向—信息获取模型的拟合程度，最终获得了最优拟合模型——信息获取—行为意向最简约模型。该模型指出，个体的问题认知和受限认知首先预测其对募捐相关信息的获取，而后信息获取又与个体的态度和主观规范一起预测其募捐行为意向，同时信息获取对个体的主观规范与行为意向之间的关系起部分中介作用，这在一定程度上揭示了公众募捐行为产生的内在机制。

从理论价值方面来看，结构方程模型分析比较的结果显示，信息获取—行为意向模型和行为意向—信息获取模型的拟合程度优于情境支持模型，说明信息获取与行为意向可能并不是一个连续的统一体，二者作为个体面对问题情境时做出的两种不同反应，可能具有一定的先后顺序。这恰好印证了McKeever 对募捐行为内在机制的推测，即一方面，积极搜寻并处理募捐相关信息的个体之后更有可能参与该募捐活动（信息获取—行为意向模型）；而另一方面，产生了募捐意向的个体之后更有可能去搜寻并处理与该募捐有关的信息（行为意向—信息获取模型）。进一步模型比较的结果显示，信息获取—行为意向最简约模型的拟合程度优于行为意向—信息获取最简约模型，说明当面对慈善募捐这一问题情境时，个体在问题认知、受限认知等认知因素的影响下，首先产生了积极搜寻并处理募捐相关信息的行为；之后个体又在其自身态度和主观规范的影响下，产生了参与募捐的行为意向，最终投身到相应的慈善募捐活动中。这也提示我们，之前研究者基于情境支持理论，通过将信息获取与行为意向融为一体的方式解释公众的募捐行为，可能忽视了其背后更为复杂的内在机制，如信息获取对行为意向的预测作用等。

中介效应检验结果显示，信息获取对主观规范与行为意向之间的关系起部分中介作用，说明个体关于募捐的主观规范既能直接预测其行为意向，又能通过获取募捐相关信息间接预测其行为意向，这在一定程度上揭示了主观规范影响个体募捐行为意向的内在机制。在问题认知、受限认知和涉入度等认知因素影响下产生的信息获取，实际上也是一种认知加工的过程。主观规范与行为意向之间关系的中介变量——信息获取的发现，为传统的理性行为理论增添了一定的认知成分①②，也凸显了认知加工过程在主观规范对个体行为的影响中所起的重要作用。这也提示我们，将公众情境理论、理性行为理论以及其他适用于解释公众募捐行为的理论相结合，可能有助于揭示公众募捐行为背后复杂的内在机制。

从实践意义来看，本研究发现，问题认知是信息获取最强有力的预测变量（$\beta=0.25$），而涉入度、受限认知对信息获取的预测作用均未达到显著水平，这与 McKeever 等人③④的研究结果存在一定差异，说明在不同的文化背景下问题认知、受限认知和涉入度等认知因素对个体获取募捐相关信息的影响可能有所不同。这也提示我们，增强我国公众对地震、癌症等慈善募捐主

① FISHBEIN M, AJZEN I. Beliefs, attitude, intention, and behavior: An introduction to theory research [M]. Reading, MA: Addison-Wesley, 1975: 283-285.

② FISHBEIN M, AJZEN I. Attitudes and voting behavior: An application of the theory of reasoned action [M] // STEPHENSON G M, DAVIS J M. Progress in applied social psychology. London: Wiley, 1981: 128-130.

③ MCKEEVER B. From awareness to advocacy: Understanding nonprofit communication, participation, and support [J]. Journal of Public Relations Research, 2013, 25 (4): 307-328.

④ MCKEEVER B, PRESSGROVE G, ZHENG Y. Combining the situational theory of publics and theory of reasoned action to explore nonprofit support: A replication [C] // Paper presented at the Annual Meeting of the Association for Education in Journalism and Mass Communication. Washington DC: Annual Meeting of the Association for Education in Journalism and Mass Communication, 2013.

题的问题意识，有利于促进其获取募捐相关的信息，进而产生参与募捐的行为意向。此外，本研究还发现相较于态度，主观规范对行为意向具有更大的预测作用，这与之前的研究结果一致。①②③ 然而，与前述针对美国大学生及平民开展的研究结果稍有不同，本研究发现主观规范对行为意向的预测作用（β＝0.46）略大于信息获取（β＝0.45），说明在中国文化背景下主观规范对个体募捐行为的影响最大，即个体更倾向于根据重要他人或团体的态度及行为做出是否参与募捐的决策，而这可能与中国文化所强调的集体主义有关。④ 因此，增强我国公众对慈善募捐与其所在社区、所属团体之间关联的感知，告知公众其家人和朋友对慈善募捐的积极态度及行为，有利于提高其参与募捐的行为意向。

本研究存在以下几点局限。首先，在进行结构方程模型分析比较时，未考虑性别、年龄、受教育水平等人口统计学变量，以及社团组织参与度、对慈善机构的信任度等可能影响个体募捐态度及行为的变量。其次，本研究作为一项横断研究，难以证实信息获取与行为意向产生的先后顺序及二者之间的因果关系，因此未来研究可采用交叉滞后设计予以检验。再次，本研究仅选取了曾经参与过募捐活动的高校在校生作为研究对象进行考察，同时方便取样带来的抽样偏差可能在一定程度上限制了研究结果向目标总体的推广。因此，本研究获得的信息获取—行为意向最优拟合模型是否适用于解释未参

---

① WERDER K, SCHUCH A. Communicating for social change: An experimental analysis of activist message strategy effect on receiver variables [C] //Paper presented at the Annual Meetings of the International Communication Association. Montreal Quebec, Canada: Annual Meetings of the International Communication Association, 2008.

② MCKEEVER B. From awareness to advocacy: Understanding nonprofit communication, participation, and support [J]. Journal of Public Relations Research, 2013, 25 (4): 307-328.

③ MCKEEVER B, PRESSGROVE G, ZHENG Y. Combining the situational theory of publics and theory of reasoned action to explore nonprofit support: A replication [C] // Paper presented at the Annual Meeting of the Association for Education in Journalism and Mass Communication. Washington DC: Annual Meeting of the Association for Education in Journalism and Mass Communication, 2013.

④ HOFSTEDE G. Organizations and cultures: Software of the mind [M]. New York: McGraw-Hill, 1991: 328-339.

与过募捐活动的个体或高校在校生总体的募捐行为意向，还有待于进一步研究验证。

第二节 社交媒体中的公共表达

社交媒体已经成为科技和健康信息的重要信源，并且通过活跃的在线对话与讨论以及信息的快速扩散，以提供公众参与科学和健康议题的多种途径。

传统媒体和社交媒体的信息传播和讨论也使一些敏感的议题更加争议化，比如转基因议题、食品添加剂的使用以及疫苗议题等。尽管科学家在尽力普及科学、健康和风险信息，但是公众对这些领域的热点议题依旧呈现出各种错误认知。①

探索个体为何以及如何参与特定议题的传播活动是传播学者的主要研究内容之一，而个体为何有时会拒绝发声也同样重要。② 因此，探讨公众参与科学议题讨论的影响因素可以有助于理解公众参与科学和公共协商的有效动因。

沉默的螺旋理论揭示的是公众参与公共议题讨论的过程。③ 该理论指出个体的表达会受到周围舆论氛围（opinion climate）的影响。当个体感知到自己的意见不同于大多数意见时，会因为孤立恐惧（fear of isolation）而选择保持沉默，由此形成沉默的螺旋现象而最终呈现的公共舆论都是主流的意见。该理论被广泛地用于各种传播情境中，以争议性政治类社会类议题为主，主

---

① DIXON G N, MCKEEVER B W, HOLTON A E, et al. The power of a picture: Overcoming Scientific Misinformation by communicating weight-of-evidence information with visual exemplars [J]. Journal of Communication, 2015, 65 (4): 639-659.

② NEUBAUM G, KRAMER N C. What do we fear? Expected sanctions for expressing minority opinions in offline and online communication [J]. Communication Research, 2016 (23): 69-83.

③ NOELLE-NEUMANN E. The spiral of silence: A theory of public opinion [J]. Journal of Communication, 1974, 24 (2): 43-51.

要包括选举和政治态度、同性婚姻、堕胎、疫苗接种和转基因议题等。

同时，沉默的螺旋虽然在人际传播和大众传播的情境下得到了较多的研究验证①，但是在线上传播尤其是社交媒体情境中还没有足够的实证证据证明沉默的螺旋依然存在。我国的多数学者认为在互联网情境中依然存在沉默的螺旋效应②，但还没有实证检验。而个体在网上是如何参与争议性议题的公共讨论的就是个亟待解决的重要问题，网民意见表达会消减沉默的螺旋现象吗？社交媒体会减少社会压力从而更好地鼓励人们表达意见吗？人们在何种程度上会在社交媒体上表达自己的观点？

本节将通过对在沉默的螺旋过程中网络的作用进行检验，探讨转基因议题中公众在社交媒体中的意见表达是否依然受到社会孤立的恐惧和周围舆论环境的影响。

选择转基因议题是因为它是颇具代表性的争议性议题。对转基因技术的争议是个全球性热点话题，虽然主流科学界和政府认为转基因食品的风险并不比传统食品的更大。③ 在我国，政府于 1997 年批准转基因棉花商业种植使得转基因技术开始进入人们的视野。2000 年开始陆续出现对转基因技术的质疑声，并要求消费者的知情权。2013 年，61 名院士联名上书要求转基因水稻种植商业化并强烈支持黄金大米；同年，中国退回美国的 54 万吨转基因玉米。随后，方舟子和崔永元掀起了一场持续三年的争论，在这场辩论中公众看到了转基因技术多方面的利与弊也逐渐形成了自己的态度。2014 年，崔永元自费赴美拍摄转基因纪录片，采访了多位专家和民众以证明美国对转基因的争议同样存在，转基因食品并不是绝对安全的。有研究显示，公众对转基因食品的支持度从 2002 年至 2012 年间从 35%降至 13%。④ 这个有代表性

---

① PRIEST S- H. Public discourse and scientific controversy: A spiral-of-silence analysis of bi-otechnology opinion in the United States [J]. Science Communication, 2006, 28 (2): 195-215.

② 刘海龙. 沉默的螺旋是否会在互联网上消失 [J]. 国际新闻界, 2001 (5): 38-42.

③ LEVIDOW L, CARR S. GM food on trial: Testing European democracy [M]. New York: Routledge, 2010: 146-150.

④ PENG B, HUANG J. Chinese consumers' knowledge and acceptances of Genetically Modified food [J]. Agricultural Economics and Management, 2015, 29 (1): 33-39.

的争议议题正适用于对沉默的螺旋效应的检验以及公众参与科学传播的有效切入口。

一、沉默的螺旋

沉默的螺旋理论指出人们对争议议题的媒介报道的反应是通过搜寻公共舆论进行评估，再借此调整自己的言行。① 媒介报道也同时影响人们对于公共主流意见的印象形成。② 社交媒体便集合了媒介报道的信息以及公共讨论的信息。

随着社交媒体的发展和用户数的大量增多，人们参与政治、社会议题的公共讨论方式也发生了变化。③ 社会网络的建立提供了小群体交流的潜力。在社交媒体上，人们通过直接的和间接的方式调整自己的认知和态度。④ 直接的方式包括直接参与在线讨论群、浏览和评论其他人的帖子、编辑原创内容、转发他人信息，而间接的方式是阅读媒体和自媒体发布的新闻信息来感知多数人的态度。

本书首先考察的是从社交媒体中感知的公共舆论能否影响公众对普遍的舆论氛围的感知，也就是证明网络意见的作用，这对于进一步探讨网络中的沉默的螺旋效应是个重要前提。具体来看，我们考察的是在转基因议题中公众对网民态度的感知能否影响其对公共舆论态度的感知，我们提出如下假设：

H1：转基因议题中公众对网民态度的感知和其对公共舆论态度的感知呈

---

① SINGER J. Transmission Creep: Media Effects Theories and Journalism Studies in a Digital Era [J]. Journalism Studies, 2016 (6): 59-81.

② SEVERIN W J, JAMES W, TANKARD J R. Communication Theories: Origins, Methods and Uses in the Mass Media [M]. 5th ed. New York: Longman, 2001: 157-168.

③ VITAK J, ZUBE P, SMOCK A, et al. It's complicated: Facebook users' political participation in the 2008 election [J]. Cyberpsychology, Behavior, and Social Networking, 2011, 14 (3): 107-114.

④ KIM S, KIM H, OH S. Talking About Genetically Modified (GM) Foods in South Korea: The Role of the Internet in the Spiral of Silence Process [J]. Mass Communication and Society, 2014, 17 (5): 713-732.

显著正相关。

（一）社交媒体上的表达意愿

社交媒体上的表达方式是不尽相同的。在对沉默的螺旋的众多的研究中，主要问题之一即是对表达意愿（willingness to speak out）的概念化和操作化问题。① 多数研究都采用单个问题去测量意见表达，或者假设一个在电视辩论或其他公共场景中提问被试②，这和社交媒体的传播情境都完全不同。

在人们的参与信息传播的行为中，交往行为被认为可以解释个体的参与过程。交往行为（communicative action）是 Kim 和 Grunig 提出的解决问题的情境理论（Situational Theory of Problem Solving）相关③，并由 Kim，Grunig 和 Ni 之前提出的概念④，它被描述为问题解决中的交往行为（CAPS），旨在解释在何时、何因个体会怎样通过六种信息相关的交往行为参与到问题解决中来。这六种行为分别是信息防护（information forefending）、允许（permitting）、转发（forwarding）、分享（sharing）、搜寻（seeking）和参加（attending）。这六种行为代表着信息获取、选择和扩散中不同程度的主动性。更具体地说，信息允许、分享和参加这三种行为是传播行为中的反应性的行为，而信息搜寻、防护和转发则是更深层次的主动参与。⑤ 他们的论断建立在这样的假设基础之上，即一个人越想解决问题，那么这个人的交往行为的程度越会增加。也就是说，人们通过交流和沟通信息去解决人生中的各种问题。

① HO S S, CHEN H, SIM C C. The spiral of silence: examining how cultural predispositions, news attention, and opinion congruency relate to opinion expression [J]. Asian Journal of Communication, 2013, 23 (2): 113-134,

② MOY P, DOMKE D, STAMM K. The spiral of silence and public opinion on affirmative action [J]. Journalism and Mass Communication Quarterly, 2001, 78 (1): 7-25.

③ KIM J N, GRUNIG J E. Problem solving and communicative action: A situational theory of problem solving [J]. Journal of Communication, 2011, 61 (1): 120-149.

④ KIM J, GRUNIG J E, NI L. Reconceptualizing the communicative action of publics: Acquisition, selection, and transmission of information in problematic situations [J]. International Journal of Strategic Communication, 2010, 4 (2): 126-154.

⑤ KIM J N, GRUNIG J E. Problem solving and communicative action: A situational theory of problem solving [J]. Journal of Communication, 2011, 61 (1): 120-149.

转发行为，是指在用户中得以信息扩散和激活传播的行为。① 如上所述，它在交往行为中被认定为主动性非常强的互动行为。而转发和评论是在社交媒体中完全不同性质的行为，转发是为了扩散信息，其中信源可信度和内容的信息量十分重要；而评论是在强调社会互动和对话，其中的用户经历和议题本身更为重要。② 原创内容、评论、转帖都是社交媒体上的重要传播行为，这些表达的方式都使得态度得以曝光。③

总之，社交媒体上的意见表达不同于传统传播情境，对它的测量需要加入新媒体情境中的传播行为，包括原创内容、评论和转帖等。在社交媒体中的研究也需要加入适合此传播情境的新的变量。

（二）孤立恐惧

正如诺依曼（Neumann）于 1974 年指出的，沉默的螺旋的基本前提是人们发现了舆论氛围并感知到自己的意见会得到多数人支持时才更愿意表达出来。该模型主要有四个可验证的假设④：（1）社会将孤立少数人群；（2）对孤立的恐惧导致个人使用准统计官能来评估舆论氛围；（3）对他人意见的判定影响个人的公开表达；（4）大众传媒影响舆论的形成。据此可知，舆论氛围和孤立恐惧是该理论中最重要的概念。

在对沉默的螺旋理论的大量研究中，学者提出的主要批评也集中于基础的假设中。首先，格林（Glynn）和迈克劳德（McLeod）指出对孤立恐惧的

---

① BOYD D, GOLDER S, LOTAN G. Tweet, tweet, retweet: Conversational aspects of retweeting on Twitter [C] // 2010 43rd Hawaii International Conference on System Sciences (HICSS-43). Hawaii: 2010 43rd Hawaii International Conference on System Sciences (HICSS-43), 2010.

② ZHANG L, PENG T, ZHANG Y, et al. Content or context: Which matters more in information processing on microblogging sites [J]. Computers in Human Behavior, 2014, 31: 242-249.

③ STOYCHEFF E. Under surveillance: Examining Facebook's spiral of silence effects in the wake of NAS internet monitoring [J]. Journalism & Mass Communication Quarterly, 2016, 93 (2): 296-311.

④ 熊壮. "沉默的螺旋"理论的四个前沿 [J]. 国际新闻界, 2011 (11): 18-25.

测量问题并且无法确定这是一个变量还是常量。① 后续的研究中确定了孤立恐惧在沉默的螺旋理论中的重要性并在假设检验中确认了它是一个变量。② 另外，由孤立恐惧导致的公众的一致性在不同文化情境中的适用性不同。已有研究对美国、加拿大、德国、新加坡、韩国、日本、菲律宾、中国香港、中国台湾等国家和地区进行了检验，虽然使用的方法、检验的情境和得出的结论都存在差异，但是学者们至今无法统一沉默的螺旋是全球通用存在的现象还是仅仅存在部分文化背景之中。③ 有学者指出沉默的螺旋的过程在亚洲表现得更为明显，因为亚洲是集体主义文化主导，而西方国家是个人主义文化主导。④ 亚洲的公众更看重群体连接和社会结构的紧密程度，这使得孤立恐惧会更明显。而西方文化更崇尚个人的独立性，提出不同的见解往往会被鼓励而非孤立。这提示我们在我国文化背景下检验沉默的螺旋的影响时，孤立恐惧是一个非常重要的因素，尤其是在科学议题中，相较于日常生活议题人们的专业知识背景更弱的时候，一旦人们恐惧被孤立，则更可能在社交媒体上保持沉默。为此，我们提出如下假设：

H2：转基因议题中孤立恐惧和社交媒体上的表达意愿呈显著负相关。

（三）舆论氛围

舆论氛围主要包括最普遍群体的意见感知，诺依曼同时强调意见趋势（opinion trend）感知会对政治表达产生重要作用，这是对未来支持度（future support）的探讨。近年来对沉默的螺旋理论的扩展主要集中于舆论氛围中的相关群体（reference group），即家人、朋友和对自己重要的人们。

---

① GLYNN C J, MCLEOD J M. Implications of the Spiral of Silence Theory for communication and public opinion research [M] //SANDER K R, KAID L L, NIMMO D. Political Communication Yearbook. Carbondale：Southern Illinois University Press, 1985：43-65.

② SHOEMAKER PAMELA J, BREEN M, et al. Fear of Social Isolation：Testing an Assumption from the Spiral of Silence [J]. Irish Communication Review, 2000, 8 (1)：88-99.

③ MATTHES J, HAYES A F, ROJAS H, et al. Exemplifying a dispositional approach to cross-cultural spiral of silence research：Fear of social isolation and the inclination to self-censor [J]. International Journal of Public Opinion Research, 2012, 24 (3)：145-169.

④ BOND R, SMITH P B. Culture and conformity：A meta-analysis of studies using Asch's (1952b, 1956) line judgment task [J]. Psychological Bulletin, 1996, 119 (1)：111-137.

研究发现相关群体的影响大于陌生的大众①，个体是从相关群体中搜寻态度而非全社会，并且在评估舆论氛围时会把相关群体的态度映射（project）到外在世界中。② 在控制了孤立恐惧和其他个体层面的变量后，相关群体的舆论态度被证明和意见表达呈显著相关。③ 同时人们对重要的身边人们表达不同的观点时会更为轻松。④ 这些研究都说明了沉默的螺旋理论的适用会依赖于相关群体，只是具体的关系可能是复杂的。那么，我们则需要更深一步思考舆论氛围的构成，并且结合网络情境对其进行细化。

社交媒体在加强了网民进行信息交流、搜寻、分享的同时，更重要的是建立了社会化的和专业化的关系⑤。社交网络的精髓就是将相关群体在内的多重关系进行了连接。此前对相关群体的研究都是在大众传播的情境中展开的，而社交媒体中的相关群体的作用显然会呈现很大的不同。

在社交媒体上的意见表达会受到至少三种舆论氛围的影响，即大多数用户表达出的意见、媒介的角色以及相关群体的影响。⑥ 网民在社交媒体上获得的信息同样也来自这些信源，我们将相关群体、媒体、陌生人在社交网络中转发、发布的各种信息都归结为网民意见，即在网络中感知到的舆论氛围。

① GLYNN C J, PARK E. Reference groups, opinion intensity, and public opinion expression [J]. International Journal of Public Opinion Research, 1997, 9 (3): 213-232.
② SCHEUFELE D A, MOY P. Twenty-five years of the spiral of silence: a conceptual review and empirical outlook [J]. International Journal of Public Opinion Research, 2000, 12 (1): 179-203.
③ MOY P, DOMKE D, STAMM K. The spiral of silence and public opinion on affirmative action [J]. Journalism and Mass Communication Quarterly, 2001, 78 (1): 7-25.
④ GLYNN C J, PARK E. Reference groups, opinion intensity, and public opinion expression [J]. International Journal of Public Opinion Research, 1997, 9 (3): 213-232.
⑤ ROWLEY J, EDMUNDSON-BIRD D. Brand Presence in Digital Space [J]. Journal of Electronic Commerce in Organizations, 2013, 11 (1): 63-78.
⑥ PALEKAR S, ATAPATTU M, SEDERA D, et al. Exploring spiral of silence in digital social networking spaces [C] //Proceedings of the International Conference on Information Systems (ICIS 2015): Exploring the Information Frontier, Fort Worth, Texas, USA: International Conference on Information Systems (ICIS 2015), 2015.

（四）意见一致性

沉默的螺旋理论还强调了意见一致性（opinion congruency）的重要性，即感知到的舆论态度和自己态度的差异。因为只有态度不一致程度较大时，舆论的压力才会有大作用，并且让人感受到社会孤立的威胁。具体来看，目前意见一致性是指个体对自己意见和广大群体意见是否一致的感知。① 同样地，未来意见一致性是指个体对自己意见和未来广大群体意见是否一致的感知，如果和未来公众舆论一致，则当下就更可能表达自己的意见。

对目前意见一致性和未来意见一致性的各种实证研究中却得到了不同的结论。有部分研究发现目前意见一致性②和未来意见一致性③，与表达意愿呈正相关，但是更多的研究中发现这种影响并不显著④或者影响系数十分小⑤。未来加入对个人自身态度和相关群体态度的研究可能有助于解决这些研究结论不一致的问题。

无论如何，意见一致性是强调舆论氛围对于个体压力的重要变量，对其进行综合检验十分必要。尤其在亚洲文化环境中，人们更倾向于在感受到自己的意见和主流意见一致时去进行公开表达，为此，我们提出如下假设：

H3：转基因议题中个体感知的意见一致性和其在社交媒体中的表达意愿呈显著相关。

---

① NOELLE-NEUMANN E. The spiral of silence：A theory of public opinion ［J］. Journal of Communication, 1974, 24（2）：43-51.

② WILLNAT L. Mass media and political outspokenness in Hong Kong：Linking the thirdperson effect and the spiral of silence ［J］. International Journal of Public Opinion Research, 1996, 8（2）：187-212.

③ SCHEUFELE D A, SHANAHAN J, LEE E. Real talk：Manipulating the dependent variable in spiral of silence research ［J］. Communication Research, 2001, 28（3）：304-324.

④ HO S S, MCLEOD D M. Social-psychological influences on opinion expression in face-to-face and computer-mediated communication ［J］. Communication Research, 2008, 35（2）：190-207.

⑤ HO S S, CHEN H, SIM C C. The spiral of silence：examining how cultural predispositions, news attention, and opinion congruency relate to opinion expression ［J］. Asian Journal of Communication, 2013, 23（2）：113-134.

（五）研究方法

1. 样本收集

本研究通过问卷调查的形式，委托问卷星样本服务进行在线调查。调研时间从 2018 年 1 月 20 日至 2 月 5 日完成全部样本采集。最终有效样本为 1089 份。

为了保证答卷的有效性，问卷星公司在问卷页面中加入了陷阱问题，以及人工随机抽查答卷，研究团队最终对所有问卷进行了复核。

2. 变量测量

（1）自身态度

我们采用五点李克特量表从 1（十分不认同）到 5（十分认同）回答 7 道问题基于金等人对转基因态度的测量量表①，分别为："总体上，你如何看待转基因食品？"（$M = 2.55$, $SD = 0.95$）、"我经常买转基因食品"（$M = 2.29$, $SD = 1.11$）、"我不会购买任何含有转基因成分的产品"（反向编码，$M = 2.73$, $SD = 1.06$）、"不论价格如何，我都倾向于购买有机产品，而非转基因产品"（反向编码，$M = 2.11$, $SD = 0.94$）、"我认为转基因食品在伦理上是有问题的"（反向编码，$M = 2.56$, $SD = 0.91$）、"我认同在食品生产中使用基因重组技术"（$M = 3.04$, $SD = 1.01$）、"我认同在药品生产中使用基因重组技术"（$M = 3.22$, $SD = 0.99$）。然后将这七个问题合并为一个独立变量（$\alpha = 0.82$, $M = 2.64$, $SD = 0.15$）。

（2）舆论氛围

同样用五点量表测量公众对转基因目前态度的感知，提问"你认为大多数中国人如何看待转基因食品？"（$M = 2.64$, $SD = 0.90$）。对未来意见的感知是提问其认为十年后中国人的态度相较于现在会发生如何变化（$M = 3.11$, $SD = 1.23$），从 1（更加不接受）到 5（更加接受）进行回答。对相关群体意见的测量是提问其认为身边的人（家人、朋友）如何看待转基因食品

① KIM S, KIM H, OH S. Talking About Genetically Modified (GM) Foods in South Korea: The Role of the Internet in the Spiral of Silence Process [J]. Mass Communication and Society, 2014, 17 (5): 713-732.

（$M=2.46$，$SD=0.97$）。

另外，网民态度是由两个问题组成："你认为网络上关于转基因的讨论持何种态度？"（$M=2.79$，$SD=0.92$）、"你如何看待网民对转基因食品的看法"（$M=2.49$，$SD=0.93$），然后合并为一个独立变量（$\alpha=0.65$，$M=2.64$，$SD=0.05$）。

（3）意见一致性

意见一致性的结果需要分步得出，首先分别用目前态度减去自身态度、未来态度减去自身态度、相关群体态度减去自身态度、网民态度减去自身态度，得出的差异值越接近0则代表对外在的感知和自身的态度越一致。但是这个值理论上是从-5到5分布，但并不是连续变量，我们于是对其做绝对值处理分别得到目前态度一致性（$M=0.65$，$SD=0.55$）、未来态度一致性（$M=0.96$，$SD=0.60$）、相关群体态度一致性（$M=0.64$，$SD=0.52$）、网民态度一致性（$M=0.62$，$SD=0.51$）。这就成了连续变量，其值越小越代表意见一致，而值越大越代表意见不一致。

然后我们将其合并为独立变量发现，四项都加入的可信度太低（$\alpha=0.45$），剔除掉未来意见一致性后可以得到可接受的可信度（$\alpha=0.65$）。而目前态度一致性、网民态度一致性和相关群体态度一致性都在一个时间维度上，它们可以形成舆论氛围的一致性因素。

（4）孤立恐惧

孤立恐惧在亚洲的文化情境中影响显著，在各种量表中都有所体现。本研究加入了社交能力来测量该变量，共由5题组成并且都做了反向编码，分别为："我可以引导他人支持我的观点"（$M=2.01$，$SD=0.75$）、"我能轻易地改变他人的想法"（$M=3.07$，$SD=1.23$）、"我愿意与持有不同想法的人讨论"（$M=1.94$，$SD=0.73$）、"在与有不同想法的人进行讨论时，我通常会获得胜利"（$M=2.38$，$SD=1.08$）、"我对自己的人际关系和社交能力很有信心"（$M=2.05$，$SD=0.87$），然后合并为一个独立变量（$\alpha=0.80$，$M=2.03$，$SD=0.08$）。

（5）表达意愿

因变量表达意愿考察的是社交网络的情境之下，在斯多以歇夫（Stoycheff）的量表基础上①调整为三个问题组成，回答为1＝错误，2＝不确定，3＝正确，提问在转基因议题中会（1）原创内容、（2）转帖、（3）评论，将其合并为独立变量（$\alpha = 0.61$，$M = 2.26$，$SD = 0.02$）。

（6）控制变量

首先控制了对转基因知识的掌握程度，对于转基因食品的事实性知识的考察是由7个正误判断题组成的，分别为：（1）中国支持转基因技术的研发（正确）；（2）转基因大米和玉米在中国是商业化种植（错误）；（3）食品安全和环境安全是农业转基因技术的安全性的两个主要方面（正确）；（4）和美国相比，在对待转基因技术和转基因食品方面，欧洲更为消极一些（正确）；（5）美国是大量消费转基因食品的主要国家之一（正确）；（6）在中国，是否标注转基因成分还没有法律规定（错误）；（7）中国对转基因食品的判定是以转基因成分的百分比为准的（错误）。对于错误的事实性知识进行反向编码后，最终得分从0到7分，均值为4.11，标准偏差为1.265。

议题相关性也体现了人们对该议题的兴趣和卷入程度，它和人们的公共表达也经常关联。我们设计了两个问题："我认为我与转基因议题之间有紧密的关联"（$M = 4.01$，$SD = 0.85$）、"转基因议题对我的生活以及我关心的人有重要影响"（$M = 4.14$，$SD = 0.77$），然后合并为独立变量（$\alpha = 0.71$，$M = 4.08$，$SD = 0.01$）。

过去的经历测量的是过去30天内是否购买过至少一次转基因食品（0＝无，1＝有；$M = 0.46$，$SD = 0.50$）。

另外，我们还控制了性别、年龄、教育程度和家庭月收入水平等人口统计学变量。

---

① STOYCHEFF E. Under surveillance: Examining Facebook's spiral of silence effects in the wake of NAS internet monitoring [J]. Journalism & Mass Communication Quarterly, 2016, 93 (2): 296-311.

二、对公共舆论态度的预测分析

（一）样本特征

受访者女性与男性基本持平；年龄分布上，中国 2010 年人口普查统计显示 20—29 岁为 17.14%，30—39 岁为 16.15%，40—49 岁为 17.28%，50—59 岁为 11.92%，60 岁以上为 13.31%。[①] 而中国网民年龄分布情况为 20—29 岁为 29.7%，30—39 岁为 23.0%，40—49 岁为 14.1%，50—59 岁为 5.8%，60 岁以上为 4.8%。较之于全民的年龄分布，我们的样本群体和网民的年龄分布比例更为接近，所以本研究的样本在一定程度上代表的是中国网民的群体特征。

表 5.4　样本分布情况

		N	%			N	%
性别	男	543	49.9	年龄	18—29 岁	395	36.3
	女	546	50.1		30—39 岁	470	43.2
教育程度	研究生毕业或以上	86	7.9		40—49 岁	155	14.2
	研究生在读或肄业	13	1.2		50—59 岁	56	5.1
	大学本科	853	78.3		60 岁及以上	13	1.2
	本科在读或肄业	64	5.9	家庭月收入	少于 8000 元	121	11.1
	高中毕业	59	5.4		8000—16000 元	559	51.3
	高中在读或肄业	7	0.6		16000—50000 元	366	33.6
	初中毕业	5	0.5		多于 50000 元	43	3.9
	小学毕业	2	0.2				

对转基因食品的事实性知识的掌握程度总分的平均正确率为 58.7%。正确率最高的题目依次为食品安全和环境安全、技术研发、美国情况和欧洲情况。可见，公众对转基因食品事实性信息的认识多集中于国际化的环境，人

[①] 国务院人口普查办公室，国家统计局人口和就业统计司. 中国 2010 年人口普查资料 [M]. 北京：中国统计出版社，2012.

们对他国的情况更了解，反而对我国的监管和规定的了解程度十分有限。

对事实性知识的掌握程度，人口统计学特征中，性别差异显著（t = 4.23，$p < 0.001$），男性相较于女性而言掌握更准确的事实性信息；收入水平差异显著（$F = 3.51$，$p < 0.05$），由于单因素方差检验结果显著，我们进一步根据均值水平对月收入变量的各组别进行对比检验。结果显示，收入中等水平的组别，即月收入在8000—50000元的人群（$M = 4.74$，$SD = 1.40$），比低收入人群（$M = 4.45$，$SD = 1.38$；$t = 2.15$，$p = 0.03$）以及高收入人群（$M = 4.21$，$SD = 1.39$；$t = 2.42$，$p = 0.02$）在事实性知识水平掌握方面得到显著较高的分数。具体情况如表5.5所示。而年龄和教育程度的单因素方差检验结果均不显著。

表5.5 事实性知识正确者与其人口特征的交叉分析表

事实性知识	性别		家庭月收入				合计
	男性 N = 543	女性 N = 546	少于8000元 N = 121	8000—16000元 N = 559	16000—50000元 N = 366	多于50000元 N = 43	N = 1089
1. 技术研发	420	403	89	423	273	38	823
2. 商业化种植	217	208	49	220	144	12	425
3. 食品安全和环境安全	481	495	110	493	336	37	976
4. 欧洲情况	346	311	65	349	220	23	657
5. 美国情况	348	330	71	352	234	21	678
6. 标注问题	245	213	42	242	163	11	458
7. 判定标准	251	203	41	248	150	15	454

（二）公共舆论态度的预测

为了检验研究假设 1 网民态度感知的作用，我们采用线性回归，将当前态度、未来态度、相关群体态度这些舆论氛围的要素分别作为因变量，将网民态度、自身态度、相关性、事实性知识、过去经历作为核心自变量，同时控制人口统计学变量（见表 5.6）。

表 5.6 对公共舆论态度预测的回归分析

变量名	当前态度	未来态度	相关群体态度
核心变量			
网民态度	0.49***	0.08**	0.43***
自身态度	0.21***	0.45***	0.36***
相关性	−0.07**	−0.04	−0.08**
事实性知识	−0.05*	0.13***	−0.04
过去经历（ref.＝无）	0.04	0.02	0.05*
人口统计学特征			
性别（ref.＝男性）	−0.001	0.04	−0.05*
年龄	−0.07*	−0.15***	−0.003
教育程度	0.04	−0.03	0.04
收入	0.02	0.02	0.01
Total Adj. R^2（%）	41.8***	35***	49.6***

注：* $p<0.05$. ** $p<0.01$. *** $p<0.001$。

结果显示，H1 得到支持，网民态度感知和当前态度、未来态度和相关群体态度均显著正相关，说明网民态度的感知和公共舆论态度感知相一致，网上舆论同样具有普遍舆论的重要影响，这是我们继续探索网络环境中人们意见公开表达的重要基础。

同时发现，相关性越大、事实性知识掌握越多的人群，越容易感知到负面的当前态度和负面的相关群体态度，也就是越觉得转基因议题和自己密切相关的人，以及对转基因相关知识掌握程度越高的人，都更容易感知到舆论场中的负面倾向。但是事实性知识掌握程度越高的人对未来态度的感知也会越积极。

在人口统计学特征中，女性更容易感知到相关群体的负面态度，年龄越大的人越容易感知到当前和未来总体的负面态度。

三、对社交媒体表达意愿的预测分析

为了对其余关于表达意愿的假设进行验证，我们再次采用线性回归，将表达意愿作为因变量，将沉默螺旋的核心变量态度一致性、孤立恐惧作为自变量，并且控制了相关性、事实性知识、过去经历和人口统计学特征（如表5.7）。

结果显示，态度一致性和表达意愿呈显著负相关，即自身态度和感知到的公共态度越不一致则越不愿意表达。同时，孤立恐惧也与表达意愿呈显著负相关，即越害怕被孤立则越不愿意表达。H2和H3也得到支持。态度一致性和孤立恐惧的作用完全符合沉默的螺旋效应，说明沉默的螺旋在社交媒体中依然存在。

同时我们发现议题的相关性、事实性知识的掌握程度和过去经历都与表达意愿呈显著正相关，即认为议题和自己相关度越高的人越愿意表达，事实性知识掌握程度越高的人越愿意表达意见，近期有过购买转基因产品经历的人越愿意表达意见。而人口统计学特征对表达意愿的影响都不显著。

表 5.7　对社交媒体中表达意愿预测的回归分析

变量名		表达意愿
核心变量	态度一致性	-0.1^{**}
	孤立恐惧	-0.21^{***}
	相关性	0.14^{***}
	事实性知识	0.07^{*}
	过去经历（ref. ＝无）	0.07^{*}

续表

变量名		表达意愿
人口统计学特征	性别（ref. =男性）	0.04
	年龄	-0.04
	教育程度	0.03
	收入	0.06
	Total Adj. R^2（%）	9.7^{***}

注：$^*p<0.05.$ $^{**}p<0.01.$ $^{***}p<0.001$。

本节通过转基因议题的网络公共表达，检验了沉默的螺旋效应中的网络角色。其理论贡献着重体现在以下三方面：

首先，研究证实了网络对于人们评估舆论氛围的重要作用。映射理论（projection）提出个人的态度和其对他人态度的感知显著相关[1]，我们的研究结果在控制了映射效果的基础上，即控制了自身态度的基础上，依然发现人们对于网民态度的感知对于普遍舆论态度有重要影响。这主要源于两个因素，一则媒介信息原本被认为对公共舆论氛围有塑造作用，但是鲜少有研究在对沉默的螺旋的验证中找到实证支持，哪怕在诺依曼自己的研究中也只是个理论上的假设而未被验证。而本研究则提供了支持，网络信息由大量的网络媒介和网民原创内容构成，媒介信息是网民舆论氛围的重要组成部分，这对网络环境中的媒介信息的影响提供了支持。二则本书是对媒介信息由大众媒介向网络媒介，尤其是社交媒体的重要扩充。就如学者慈发提（Tsfati）指出的，网络不一定能影响我们自己怎么想，但是能影响我们感知到的别人是怎么想的。[2]

其次，对网络舆论态度的验证也体现在了意见一致性中。意见一致性是

[1] GUNTHER A C, CHRISTEN C T. Projection or persuasive press? Contrary effects of personal opinion and perceived news coverage on estimates of public opinion [J]. Journal of Communication, 2002, 52 (1): 177-195.

[2] TSFATI Y. Media skepticism and climate of opinion perception [J]. International Journal of Public Opinion Research, 2003, 15 (1): 65-82.

沉默的螺旋理论中的重要变量，体现的是社会舆论氛围的影响，而此前的实证研究中得出的结论不一致，尤其是在亚洲的传播情境中也未能得到充分的验证，韩国的转基因议题中只有未来意见的一致性与意见表达显著相关①（Kim 等，2014），新加坡的检验中意见一致性也不显著。② 而本书对目前态度、网民态度、相关群体态度的统一考察给予了沉默的螺旋理论的有力支持，说明在科技争议议题中人们的公共表达受到舆论氛围的影响，同时也受到恐惧孤立的影响。

最后，我们证实了网络尤其是社交媒体作为人们意见表达的重要渠道。人们通过在社交媒体中原创信息、评论信息和转发信息的方式参与公共议题的讨论，同时会受到舆论氛围和孤立恐惧的影响，而这种压力会抑制少数意见的呈现。这些发现都说明在网上的意见表达会受到沉默的螺旋现象的影响。而我国的网络舆论环境中，网络暴力、人身攻击和人肉搜索的现象频发，经常衍生成社会问题，哪怕是匿名发表有争议性的言论也可能引发网民的攻击，这更加剧了网络中的舆论氛围的压力和孤立恐惧所带来的负面社会压力威胁，更不利于多样化观点的生存。

总之，沉默的螺旋理论解释的就是人们在公共情境中的意见表达现象，由于恐惧自己的意见成为少数意见而保持沉默，会使得最终能够成为公共领域主流的意见是因为敢于表达而非真正的大多数人的意见。

从实践角度来看，在争议性公共议题中，政策制定者和实践推动者都希望能听到公众真实的声音，而从研究结果来看，由于沉默螺旋的现象的存在，表达出来的主流意见可能并不能代表大多数。所以在议题的讨论中，尤其是社交媒体的平台上，由于有众多自媒体的加入，更有了多元意见的潜能。在转基因这样的争议议题中，应该在平台上提供更多元化的意见和表达

① KIM S, KIM H, OH S. Talking About Genetically Modified (GM) Foods in South Korea: The Role of the Internet in the Spiral of Silence Process [J]. Mass Communication and Society, 2014, 17 (5): 713-732
② WILLNAT L, LEE W, DETENBER B H. Individual-level predictors of public outspokenness: A test of the spiral of silence theory in Singapore [J]. International Journal of Public Opinion Research, 2001, 14 (4): 245-278

的渠道，让人不会轻易感受到自己的意见和主流意见一致与否，将更可能刺激更多人的表达。反之，如果在公共事务上希望推行某种意见时，去加大这种意见发生的频率和途径，则更可能降低各方的噪音，形成一种主流的意见。

　　本研究也存在局限性，主要包括：首先，问卷通过问卷星样本库发放，无法做到对全体民众的随机抽样调查，在样本的代表性上存在欠缺。虽然问卷星的样本库成员超过260万，且在年龄、性别、地域等特征分布上尽可能与网民分布相近，但是注册成为问卷星样本库成员的人大多还是互联网使用的深度用户，无法代表整体人群，所以我们的样本群体代表的是我国的网民群体，还无法推及所有人群；其次，问卷的方式是研究的基础，我们回答了沉默螺旋理论中的主要变量的检验，找到了核心影响因素，但是对于人们更深层次的想法还需要结合深度访谈等方式去完成。多样化的研究方法是未来可以深入研究这个议题的主要方向。

第六章

我国公众参与科学策略

第一节　我国公众参与科学的主要特征

随着人们收入水平的提高，公众对生活品质的要求也在迅速提升。涉及人们健康、食品安全、环境问题的议题正在日益成为公众最为关注的热点问题。本书选取转基因食品、食品添加剂、雾霾、PX 项目、疫苗等科技争议议题，较为系统地探讨了争议性科技议题中的参与主体、新媒体信息传播规律、影响公众参与的因素以及公众参与的行为意图作用机制和公共表达，按照不同的公众参与形式进行了具体的分析，为调节和解决我国的科技争议提供策略和建议。

一、参与主体

公众参与科学的具体形式多种多样，通过本书的分析发现，深刻理解公众参与科学模型首先需要明晰参与的主体，确切地划分为公众、科学家和媒体。

对于传统的面对面参与方式来说，对公众代表的选择至为关键，而我国由于还没有形成固定的公众协商科技议题的程序，所以更多的参与方式以非面对面的形式为主，尤其是在网络上参与相关话题的讨论，以及通过线上的组织参加线下的维权行为。

那么在此之中，我们提出了对积极公众的识别非常重要。对公众进行的细分的过程可以有效地辨识出积极公众，制定针对积极公众的传播策略。从分析结果来看，我国公众在转基因议题中的积极公众的比例高于韩国①，我国公众更多地卷入进转基因议题并且感知到更少的限制障碍。可以看出，转基因食品议题在我国已经成为一个严肃问题，但同时我们看到，在食品添加剂和雾霾议题中的积极公众比例更大，可见关涉到人们健康与安全的议题亟须引起重视，因为公众的问题感知程度都非常高。

情境理论指出政府部门和社会组织机构需要辨识那些最直言不讳的民众以及沉默的消极的群体。理解每个议题中的积极的群体，如何以及为何这样或那样看待这个问题，如何再次定义这个问题及原因，他们需要怎么做，这些都预示着最终的大多数对这个议题的想法。本研究发现，30-39岁有着高学历的人群是我国科技健康组织在传播转基因议题中的重点对象。这些结论为我国的科技健康组织制定有针对性的传播策略提供了有效参考。比如转基因食品议题中的公众，对于转基因食品有很多不同的想法和诉求，辨识出其中的积极公众以及他们的认知就是政府、行业和科学团体去解决这个问题的第一步。

科技健康争议议题被看作问题情境，专家、政府部门和科技健康组织作为积极的问题解决者和决策者，往往积极地学习、选择和分析问题的原因和问题是什么，但是忽视了传播接受者中的最重要群体。在不同的议题中用规范的理论框架识别出积极公众和他们的认知，将其与问题解决者的方案进行有效对应，才是问题得以高效解决的路径。

对另一个参与主体而言，科学家在争议性科技议题中起着最为重要的作用，因为多数科技争议首先是在科学共同体内部有争议。我们通过专家话语的分析也发现，专家话语构建任务的执行效果，不仅取决于话语模式、修辞手段的选择，还受到专家立场的影响，是否关切公众切身利益是重要因素。

我国的专家在做科普上的工作力度并不大，往往在科技争议中是被动输

---

① KIM J N, GRUNIG J E. Problem solving and communicative action: A situational theory of problem solving [J]. Journal of Communication, 2011, 61 (1): 120-149.

出的过程，并不是主动向公众表达和解释。所以在公众接收到的信息中，对公众的引导作用有限。公众对以科学权威为代表的专家系统已显现出信任困境。不断加剧的科技风险迫使公众寄希望于从专家体制中寻求保障，但高科技事故的不断爆发又使公众对专家的权威地位产生怀疑①，而专家意见的分歧会进一步削弱公众对专家系统的信任。

另外，媒体是公众参与科学中的积极主体。媒体往往被认为是科技议题中争议放大的助推手，而媒体自身是愿意做把争议放大后再平息的角色，所以困惑重重。但需要明确的是，媒体的报道本来需要客观、中立、真实，公众对于新科技的采纳、接受和评估往往是从风险和收益的层面考量，当这种科技争议的不确定性被呈现在报道中时，公众所感知的风险会迅速增加。所以媒体报道会放大争议的效果这是一种必然，因为它让更多的人了解到了这种不确定性。当媒体报道不能提供公众对于风险和收益评估的信息，不能采用公众信任的信源，就无法说服受众接受报道中的信息和观点，从而成为无效的报道，或者激发更大的社会争议。

我们更需要关注到新媒体的变化，比如社交媒体和自媒体的作用，此时的媒体还能为信息传播提供什么？通过对微博上的科技信息的分析可知，从内容文本来看，带有一定正面情绪的内容更容易得到传播。所以在新媒介上，传统媒体在和公众进行对话时，需要及时改变话语方式以适应新形势。

二、争议性科技议题的关注度高、态度负面、知识掌握程度不高

（一）公众对争议性科技议题具有较高关注度

公众对争议性科技议题的较高关注度体现在问题认知、卷入认知和受限认知都很高。我们选取的转基因食品、食品添加剂和雾霾议题中，对公众细分后发现积极公众的占比依次为50.8%、57.7%和72.5%，三个议题的积极公众都超过了一半，可见这些议题的热度都比较高。而积极公众正是在不同的问题情境中能够认识到问题的重要性并且为了这个问题可以组织着去做些

---

① 乌尔里希·贝克. 风险社会［M］. 何博闻，译. 南京：译林出版社，2004：28-30.

事情的人们。

积极公众是科学传播以及制定传播策略时的重点对象。情境理论认为积极公众更有可能在问题情境中选择并转发信息，并且对公共舆论的塑造具有重要作用。尤其是在危机事件中，积极公众是最关键的公众群体，需要有针对性的传播策略。在科学健康类议题中，识别出不同的公众群体有助于制定更有效率的传播策略，对积极公众进行沟通相较于最广大人群而言可以节约沟通成本并更可能建立积极的互动关系。

在三个议题中，30—39 岁这个群体都是积极公众中占比最大的人群，说明中青年群体是我国关注并参与争议性科技健康议题的主要人群，其中这群人在转基因食品议题中的积极性最高。另外越年轻的群体越关注雾霾议题，中年群体对转基因食品和食品添加剂等食品安全的议题更为积极。

从教育程度来看，大学及以上的高学历人群是积极公众的主要人群。高中及以下的人们在雾霾议题中更积极，而在转基因食品和食品添加剂议题中作为潜在公众和知晓公众的比例更大。

从地域分布来看，东部地区的公众参与程度更高，并且对雾霾问题的关注更高。西部地区的公众对转基因食品的积极程度相对较低，中部地区的公众对食品添加剂的关注相对更高，东北地区的公众对转基因食品的知晓程度更高，但是积极程度不如雾霾和食品添加剂议题。

（二）敏感的争议议题的公众与舆论态度均呈负面倾向

公众在转基因食品、雾霾议题、PX 项目等敏感的争议议题中呈明显的负面态度。以转基因为例，对公众态度的近年来多次调查显示，中国公众对转基因食品安全的支持度在下降，转基因科普活动的增加并未改善公众对转基因整体上的负面印象。本研究发现公众对转基因技术的总体支持度较为中立，呈负面倾向。其中公众对转基因技术应用于药品中的接受程度高于食品，可见转基因食品问题仍然是严重的社会话题。

这种负面的态度受到媒介报道的影响，人们通过对媒介态度和舆论态度的感知又进一步调整或固化自己的态度。转基因技术方面，媒体构建的拟态环境中以"反转"的立场更多，新闻媒体和社交媒体中均呈现此特征。同时公众感知到的媒介报道态度是偏负面的，其中电视新闻报道和报纸报道更接近于中立，而网络讨论更为负面。另外人们所感知到的总体舆论氛围是负面的，包括身边的好友和对自己重要的人。所以总体的态度依然在负面的态势中延续。

正是由于公众的整体忧虑更提升了对此类争议性科技议题的关注度，使得它们一旦有热点事情爆发时迅速攀升为社会焦点。

（三）公众对科技议题的事实性知识掌握程度不高

对转基因食品的事实性知识的掌握程度统计的平均正确率为58.7%。正确率最高的题目依次为食品安全和环境安全、技术研发、美国情况和欧洲情况。可见，公众对转基因食品事实性信息的认识多集中于国际化的环境，人们对他国的情况更了解，反而对我国的监管和规定的了解程度十分有限。

对事实性知识的掌握程度中，性别差异显著，男性相较于女性而言掌握更准确的事实性信息；收入水平差异也显著，月收入在8000—50000元的人群比低收入人群及更高收入人群在事实性知识水平掌握方面得到显著较高的分数。

总体来看，我国公众对于本国的了解有欠缺，尤其是政府监管和对食品判定的硬性信息了解得不够，反而对国外的情况更了解。我们发现只有网页是公众获取事实性知识的主要媒介来源，而其他媒介对于转基因食品事实性知识的普及效果非常不显著。

再进一步深入转基因食品话题中的核心子议题可以发现，只有电视新闻有全面涉及五个核心子议题，而其他媒介的关注点都比较分散，网页中的杀虫剂相关信息较多，广播和杂志有一些农业收益和环境问题，而其他媒介渠道尤其是日益兴盛的APP和社交媒体等反而没有任何涉及。这主要说明转基因食品话题不是各类媒介报道和关注的重点，或者是其关注点跑偏，没有集中于这五个核心议题之上，尤其是政府监管层面内容严重缺失。

值得注意的是，电视新闻对核心子议题的关注最为全面，所以它对公众转基因态度的形成呈显著正相关，但是其对事实性知识的影响并不显著。这说明电视新闻的报道可能更偏重态度的导向，在价值层面上引导着公众，但是事实层面的内容有缺失。

三、态度形成受媒介、科学家的科学话语与社会文化因素影响

（一）信息获取渠道以新媒体为主

新媒体尤其是社交媒体、网页和 APP 是主要的媒介渠道来源，传统媒体中电视新闻还占有一席之地。人们获取转基因食品信息的主要媒介渠道依次为网页、社交媒体、手机 APP、电视、健康杂志、报纸、时事杂志和广播。获取雾霾信息的媒介渠道依次为电视、社交媒体、网页、报纸、广播。获取食品添加剂信息的媒介渠道依次为网页、电视、社交媒体、报纸、广播。

同时通过报纸、网页和社交媒体获取转基因相关信息的积极公众更可能搜寻和转发转基因食品信息，通过广播、网页和社交媒体获取食品添加剂相关信息的积极公众更可能搜寻和转发食品添加剂信息，通过报纸、网页和社交媒体获取雾霾信息的积极公众更可能搜寻雾霾信息。

另外，教育程度越高、收入水平越高的积极公众更愿意转发转基因食品和雾霾信息，男性更可能转发食品添加剂信息。

（二）科学话语影响公众对专家系统的信任

由于风险的不确定性，专家话语具有一定的"建构"作用。在 PX 项目中，专家内部主要在项目风险大小，即毒性和选址安全距离上存在分歧。无论是主张"风险"论还是"安全"论，专家话语的建构作用不容忽视。

专家话语构建任务的执行效果，不仅取决于话语模式、修辞手段的选择，还受到专家立场的影响，是否关切公众切身利益是重要因素。对于不能确定的风险，由于专家观点并不一致，究竟哪种符合事实真相，一般公众难以彻查，出于自保"宁可信其有"。相对于国家发展战略层面的深远意义，公众更在意保护自身的环境和健康权益。

而专家之争实际上是两种环境话语的对峙，话语争论的背后则是双方专家不同的立场。"反 PX"派专家代表着环境保护主义立场，从"民权"的

角度，为受影响的民众提出一系列主张，主要采用了"环境正义"话语。"挺 PX"派专家则站在科技立国的立场，主要采用的是强调发展的可持续性环境话语。

在这种争论性的语境中，科学话语并没有达成一致的统一意见，双方的话语表述具有对立性。通过构建身份、合理性和"中立性"的话语，正反双方试图构建出一种权威性的科学话语来获得信任。另外，双方采用互文性和预设的方式，在两种对立的话语对抗中通过主张和批评的方式构建一种符号系统来争夺其话语权。

高科技事故的不断爆发使得公众对专家的权威地位产生怀疑，而专家意见的分歧会进一步削弱公众对专家系统的信任。

（三）宿命论、生物进化论与中医文化的社会影响

宿命论在我们测量的社会文化因素中是影响最大的一个因素，持有宿命论信念的人往往相信"人命天定"、因果报应，更倾向于叔本华的悲观主义思想，认为外在的变化无论是向好或是向坏都是偶然，而人的命运是一种注定，既来之则安之，所以对于新事物的接受度反而更为宽松。

我国的宿命论信念与年龄、生物进化论、中医态度、孩子数量均显著相关。说明越年长的人越有可能持宿命论的信念，持宿命论观念的人越相信生物进化论、越支持中医，生孩子的数量也更多。这都可以看作是一种人生态度对于生活方式的选择所产生的影响。那么这种观念对于科学争议的抗争性其实是较弱的。所以持宿命论信念的人更容易持支持态度。

支持生物进化论的人更可能支持转基因技术，可见这种对生物进化论的普及对于科学思维的接受是有促进作用的，在科学争议的接受度上有正面的影响。人们对生物进化论的支持可能源于两个方面，一方面是从认知层面衍生开来，在充分理解科学思想的基础之上，公众理解科学后支持该理论；另一方面是单从信念层面上，不一定完全理解理论知识但是因为相信科学理论是科学正确的而信任和支持，这是由科学在为其背书，这更多的是受到文化价值的影响而对科学的接受。历次科学素养调查显示我国公民的科学素养程度还较低，尤其对科学知识的掌握程度远低于发达国家。由此推断，当人们

被告知一种科学理论的正确后，人们加深的不一定是对这个理论本身的理解和接受，而是对科学的信念。这也从侧面反映出在我们的科普工作中，尤其是比如转基因技术这种争议性较大的议题中，对于已经有了明确负面倾向的公众，如果再继续针对此议题进行解释和分析的效果不理想的情况下，可以从其他议题入手，在其他科学议题和科学理论中加深其对科学的信念和信心，也能在波及争议议题时起到辅助作用。

中医文化的影响结果是最令人意外的，作为国人对待健康的重要传统方法理应在涉及健康议题时产生重要作用，但结果显示只有转基因技术议题中，中医文化支持者会越不支持转基因技术，但是这种影响弱于宿命论和生物进化论的影响。从研究结果来看，公众对中医的总体支持度较为中立，证明中医文化的影响力不够强。而支持中医的人并不具有某一类型特征，其在性别、年龄、收入等方面都有较大差异，而中医本身也有不同的流派，其对人们世界观和价值观的指导作用从结论来看并不强。所以总体来看，中医文化的支持者并不一定对科学争议形成固定的刻板印象。

四、争议性科技议题的社交媒体信息传播特征与网络公共表达

（一）社交媒体信息传播特征

对疫苗议题的社交媒体信息传播特征进行数据挖掘并分析发现，拥有更多粉丝的、对社会网络有更高个人影响的博主发布的微博信息更容易被转发。同时，帖子内容中含有更多积极情绪的和社交内容词汇的信息更容易被转发。由此看出，人们依旧在寻求社会支持和社会连接，正面情绪的内容能够给人以信心去度过危机事件。这些发现提示我们在信息干预中多运用积极类情绪和有社会网络影响力的博主来发布信息更可能取得较好的传播效果。

所以在社交媒体传播规律上重要的点在于：第一，是意见领袖的作用，第二是内容的情绪作用。这和普遍的热点事件是一致的。

而科技争议中的关键点在于意见领袖中的专家群体，包括科学家、自媒体中涌现出的科普大V。而他们的话语建构方式在本研究中也已有所探讨。

本书所探讨的公众参与也是一方面在行动上的参与科学传播行为，同时

也包括在网络上的公共表达，这是我国现状。在情境支持模型的基础之上，本书分析出了人们参与行为意图的最优拟合模型，即信息获取—行为意向最简约模型。个体的问题认知和受限认知首先预测其对相关议题信息的获取，也就是说人们需要主动去搜集信息，而后信息获取又与个体的态度和主观规范一起预测其行为意向，同时信息获取对个体的主观规范与行为意向之间的关系起部分中介作用，这在一定程度上揭示了我国公众在众多科技争议中的参与行为产生的内在机制。

（二）网络空间的公共表达在不同议题中呈现区别

本书检验了沉默的螺旋在网络空间中的适用性，发现社交媒体中人们在转基因议题中的表达意愿受到沉默的螺旋的影响，说明人们的公共表达受到舆论氛围的影响，同时也受到恐惧孤立的影响。一旦人们发现自己的态度可能处于少数人的观点中时会更倾向于选择沉默，越来越多的人陷入沉默的螺旋中，那么此时社会中所呈现的民意并不一定真的来自大多数。

但是沉默的螺旋在食品添加剂议题中却并不显著，这是由人们基础的态度不同所决定的。本调查发现人们对转基因食品的态度显著地比食品添加剂的态度负面，这影响了人们对不同的科技争议议题的公共表达意愿的机制是不同的。

在人们原本态度更为负面的议题中，公共表达意愿受到舆论态度影响，舆论和自己的态度越不一致感受到的社会孤立恐惧压力越大，则越不愿意表达，在网络空间中这种公共表达同样包括评论、转发和原创内容等。而在原本态度并没有那么负面的议题中比如食品添加剂议题，人们的公共表达意愿不受到舆论一致性，即舆论氛围感知和自己的态度的差异如何，以及社会孤立恐惧压力的影响。那么在这种不那么负面的议题中公众的公共表达可能会更为自由且多元。

对网络作用的探讨，我们可以得出两个重要结论：

其一，网络对于人们评估舆论氛围的重要作用。人们对于网民态度的感知对于普遍舆论态度有重要影响。这主要源于两个因素，一则媒介信息原本被认为对公共舆论氛围有塑造作用，但是鲜少有研究在对沉默的螺旋的验证中找到实证支持，而本研究则提供了支持；网络信息由大量的网络媒介和网民原创内容构成，媒介信息是网民舆论氛围的重要组成部分，这对网络环境中的媒介信息的影响提供了支持。二则本研究是对媒介信息由大众媒介向网络媒介，尤其是社交媒体的重要扩充。进一步说明网络不一定能影响我们自己怎么想，但是能影响我们感知到的别人是怎么想的。

其二，网络尤其是社交媒体作为人们意见表达的重要渠道。人们通过在社交媒体中原创信息、评论信息和转发信息的方式参与公共议题的讨论，同时会受到舆论氛围和孤立恐惧的影响，而这种压力会抑制少数意见的呈现。而我国的网络舆论环境中，网络暴力、人身攻击和人肉搜索的现象频发，经常衍生成社会问题，哪怕是匿名发表有争议性的言论也可能引发网民的攻击，这更加剧了网络中的舆论氛围的压力和孤立恐惧所带来的负面社会压力威胁，更不利于多样化观点的生存。

（三）更广阔的信息获取和表达渠道

从实践角度来看，在争议性公共议题中，政策制定者和实践推动者都希望能听到公众真实的声音，而从研究结果来看，由于沉默螺旋的现象的存在，表达出来的主流意见可能并不能代表大多数。所以在议题的讨论中，尤其是社交媒体的平台上，由于有众多自媒体的加入，更有了多元意见的潜能。在转基因这样的争议议题中，应该在平台上提供更多元化的意见和表达的渠道，让人不会轻易感受到自己的意见和主流意见一致与否，将更可能刺激更多人的表达。反之，如果在公共事务上希望推行某种意见时，去加大这种意见发生的频率和途径，则更可能降低各方的噪音，形成一种主流的意见。

无论何种参与行为的重要前提是信息获取，所以提供更广阔的信息获取渠道和表达的渠道，都是有助于公共参与科学的重要举措。

第二节　如何鼓励公众参与科学

公众参与科学最核心的内容是鼓励更多的公众参与到科技议题的发展中，通过传播、咨询、参与等多种形式，从而能够支持科技的发展、政府决策。所以如何让公众能参与进来是最重要的，而怎样参与并不是最重要的，因为参与的形式非常多，而目前公众的问题是参与程度很低、参与意愿很低。

我国目前的公众参与科学也主要集中于环境议题比如 PX 项目关涉个人生活的议题①，以及在网络上参与各种争议话题的讨论。

首先，本书发现，在网络参与中，拥有更多粉丝的、对社会网络有更高个人影响的博主发布的微博信息更容易被转发。同时，帖子内容中含有更多积极情绪的和社交内容词汇的信息更容易被转发。可见，人们参与争议议题的网络中，依旧在寻求社会支持和社会连接，正面情绪的内容能够给人以信心去度过缺乏信任的事件。这些发现提示我们在科技信息干预中多运用积极类情绪和有社会网络影响力的博主来发布信息更可能取得较好的传播效果。

而科学家理应成为这样的有影响力的博主，成为科技事件中的大 V，而目前科学家在新媒体中直接做科普的成功案例还十分罕见。

而在新媒体的表达意愿中，本书证实了网络对于人们评估舆论氛围的重要作用。映射理论（projection）提出个人的态度和其对他人态度的感知显著相关②，我们的研究结果在控制了映射效果的基础上，即控制了自身态度的基础上，依然发现人们对于网民态度的感知对于普遍舆论态度有重要影响。

---

① XU L, HUANG B, WU G. Mapping Science Communication Scholarship in China: Content Analysis on Breadth, Depth and Agenda of Published Research [J]. Public Understanding of Science, 2005, 24（8）: 897-912.

② GUNTHER A C, CHRISTEN C T. Projection or persuasive press? Contrary effects of personal opinion and perceived news coverage on estimates of public opinion [J]. Journal of Communication, 2002, 52（1）: 177-195.

这主要源于两个因素，一则媒介信息原本被认为对公共舆论氛围有塑造作用，但是鲜少有研究在对沉默的螺旋的验证中找到实证支持，哪怕在诺依曼自己的研究中也只是个理论上的假设而未被验证。而本书则提供了支持，网络信息由大量的网络媒介和网民原创内容构成，媒介信息是网民舆论氛围的重要组成部分，这对网络环境中的媒介信息的影响提供了支持。二则本书是对媒介信息由大众媒介向网络媒介，尤其是社交媒体的重要扩充。就如学者慈发提指出的，网络不一定能影响我们自己怎么想，但是能影响我们感知到的别人是怎么想的①。

从实践角度来看，在争议性公共议题中，政策制定者和实践推动者都希望能听到公众真实的声音，而从研究结果来看，由于沉默螺旋的现象的存在，表达出来的主流意见可能并不能代表大多数。所以在议题的讨论中，尤其是社交媒体的平台上，由于有众多自媒体的加入，更有了多元意见的潜能。在转基因这样的科技争议中，应该在平台上提供更多元化的意见和表达的渠道，让人不会轻易感受到自己的意见和主流意见一致与否，将更可能刺激更多人的表达，以鼓励更多的公众参与。

其次，在面对面参与，也就是直接发生募捐行为的过程中，本书发现个体的问题认知和受限认知首先预测其对事件相关信息的获取，而后信息获取又与个体的态度和主观规范一起预测其行为意向，同时信息获取对个体的主观规范与行为意向之间的关系起部分中介作用。

本书发现，问题认知是信息获取最强有力的预测变量，而涉入度、受限认知对信息获取的预测作用均未达到显著水平，说明在不同的文化背景下问题认知、受限认知和涉入度等认知因素对个体获取相关信息的影响可能有所不同。这也提示我们，增强我国公众对相关主题的问题意识，有利于促进其获取相关信息，进而产生参与的行为意向。此外，本书还发现相较于态度，主观规范对行为意向具有更大的预测作用。然而，与前述针对美国大学生及平民开展的研究结果稍有不同，本书发现主观规范对行为意向的预测作用

①　TSFATI Y. Media skepticism and climate of opinion perception ［J］. International Journal of Public Opinion Research，2003，15（1）：65-82.

（β=0.46）略大于信息获取（β=0.45），说明在中国文化背景下主观规范对行为意向的影响最大，即个体更倾向于根据重要他人或团体的态度及行为做出是否参与募捐的决策，而这可能与中国文化所强调的集体主义有关。因此，增强我国公众对相关议题与其所在社区、所属团体之间关联的感知，告知公众其家人和朋友对议题的积极态度及行为，有利于提高其参与的行为意向。

最后，本书从媒介信息、社会规范、社会文化因素等角度分别考察了公众参与科学的影响因素。研究发现新媒体逐渐成为人们获取科技议题的主要信息渠道，但是电视新闻的影响力仍然不容忽视，由于其媒介的公信力高，其仍在影响人们对包括转基因等在内的科技议题的态度。

而社会规范是我国文化情境中的一个突出特征，这个变量的影响相比于欧美国家，在我国的影响更大更重要。如前文所述，强制性社会规范（injunctive social norm）在我国的多个议题中都有重要影响，它主要考察的是个体认为自己的朋友、对自己重要的人会如何看待自己的行为。这种社会规范除了具有信息影响力之外，还能通过社会压力来达成群体在行为或意见上的一致性，常常影响公共事件的舆论氛围。

对社会文化因素的探讨，本书不能穷尽所有的社会文化因素，选择了宿命论、生物进化论、中医文化等，为其对科学争议的态度形成提供了实证支持。一旦科技类议题能够持续不断地争议、发酵成为舆论热点，其都不只停留在科学层面的探讨，而加入了社会经济政治文化等多因素的影响。以往的转基因技术相关的调查鲜有关注到社会文化层面的因素，本书以实证的方式证明，社会文化认知对于人们的科学信念有较大影响，验证了文化认知理论中人们相信科学，但是会选择性地接受不同文化、社会、政治背景的信息。[①]尤其是在转基因技术和食品添加剂这种争议议题中，不同个体的风险信息加

---

① KAHAN D M, SMITH H J, BRAMAN D. Cultural cognition of scientific consensus [J]. Journal of Risk Research, 2011, 14: 147-174.

工是不同的①，需要充分考虑到社会文化因素对风险感知的作用。

我们的传统文化社会理念在一定程度上确实影响着公众的科学态度，但是又需谨慎地看到，这些影响并不是根深蒂固不可根除地对科学认知形成了大障碍，相反其影响是有限的，而且还存在部分的正影响。比如对生物进化论的支持更可能支持转基因技术，可见这种对生物进化论的普及对于科学思维的接受是有促进作用的，在科学争议的接受度上有正面的影响。人们对生物进化论的支持可能源于两个方面，一方面是从认知层面衍生开来，在充分理解科学思想的基础上，公众理解科学后支持该理论；另一方面是单从信念层面上，不一定完全理解理论知识但是因为相信科学理论是科学正确的而信任和支持，这是由科学在为其背书，这更多的是受到文化价值的影响而对科学的接受。

当人们被告知一种科学理论的正确后，人们加深的不一定是对这个理论本身的理解和接受，而是对科学的信念。这也从侧面反映出在我们的科普工作中，尤其是比如转基因技术这种争议性较大的议题中，对于已经有了明确负面倾向的公众，如果在继续针对此议题进行解释和分析的效果不理想的情况下，可以从其他议题入手，在其他科学议题和科学理论中加深其对科学的信念和信心，也能在波及争议议题时起到辅助作用。

第三节　当前我国科技争议的公众参与科学存在的问题

当前我国争议性科技议题的公众参与程度不高，参与意愿不强。与此相关的主要问题如下：

首先，公众的科学素养水平不高，态度负面，科技专业知识掌握程度不高。我们测量了公众对转基因技术事实性知识的掌握程度，统计的平均正确

---

① 汪新建，张慧娟，武迪，等. 文化对个体风险感知的影响：文化认知理论的解释［J］. 心理科学进展，2017（8）：28-32.

率为 58.7%。正确率最高的题目依次为食品安全和环境安全、技术研发、美国情况和欧洲情况。可见，公众对转基因食品事实性信息的认识多集中于国际化的环境，人们对他国的情况更了解，反而对我国的监管和规定的了解程度十分有限。对事实性知识的掌握程度中，性别差异显著，男性相较于女性而言掌握更准确的事实性信息；收入水平差异也显著，月收入在 8000—50000 元的人群比低收入人群及更高收入人群在事实性知识水平掌握方面得到显著较高的分数。

其次，对科学家的信任出现危机。科技争议往往发端于科学共同体内部，由科学家之间的争论扩散到大众以后，大众对信息的接受就需要自身的加工过程，原本由对科学家和媒体的信任主导的对科技成果的接纳，就转变为怀疑。

在当下中国，公众对以科学权威为代表的专家系统已显现出信任困境。不断加剧的科技风险迫使公众寄希望于从专家体制中寻求保障，但高科技事故的不断爆发又使公众对专家的权威地位产生怀疑①，而专家意见的分歧会进一步削弱公众对专家系统的信任。进入公共领域的专家立场是一个社会化选择过程，专家意见本身可能并不是利益无涉的。

近年来许多科技与社会的研究都强调，面对新兴科技风险，民众并不是"无知"的，在转基因等新兴科技上，弥合科学理性与社会理性的关键，不是提高对科技的理解程度，而是增加其对科学家、产业及国家的信任。② 重新建立公众对专家系统的信任，树立科学系统的权威，是科学理性与社会理性从对抗走向协商的必然出路，也是促进争议性讨论形成共识的解决之道。面对各种新兴科技中科学理性和社会理性的冲突，必须积极地建构开放对话、多元专业、公众参与的风险沟通与评估制度，社会上形塑自主、开放的科技学习过程，逐步发展出透明、民主的科技决策模型。

---

① 乌尔里希·贝克. 风险社会［M］. 何博闻，译. 南京：译林出版社，2004：28-30.
② MACNAGHTEN P, MATTHEW B K, WYNNE B. Nanotechnology, Governance, and Public Deliberation: What Role for the Social Sciences? ［J］. Science Communication, 2005，27（2）：268-291.

再次，我国公众参与科学的形式还较为单一。西方所倡导的公众参与科学的方式多种多样，比如三大类型中，传播中包括广播电视等大众媒体、热线、互联网信息、公众听证会、公开会议等；咨询包括小组会议、咨询文件、电子咨询、焦点小组、民意调查、问卷调查、电话调查等；参与包括工作坊、公民陪审团、共识会议、协商民意调查、协商制定规章、特别小组、市民大会等。而我国目前公众参与科学主要以传播中的大众媒介、互联网信息为主，而协商民意调查等形式并不多见。

最后，政府机构没有形成一套完善的鼓励公众参与科学的系统体系，决策参与制度。当前科技决策中的公众参与是程序性、形式化的，这种简单化参与一方面使得公众对政府决策和专家解释不信任，另一方面也使得那些热衷参与的积极公众无渠道参与。这使得双方对参与的效果都不满意，且有可能进一步激化矛盾，加剧公众对于科学、科学家和政府的不信任，使得争议问题异化。高效合理的参与制度需要实现参与的公开透明，并让那些热衷参与的公众参与其中，鼓励并保障利益相关者，特别是那些热衷参与的有知民众的实质性参与。

第四节　科学传播策略建议

一、加固公众对科学的信任

对科学议题的探讨我们首先放置于科学问题之中，人们对科学的了解和信任在某种程度上决定着其在具体议题中的态度。空谈"相信科学"容易陷入科学主义的语境之中，而我们提倡的是科学知识、科学精神、科技与社会的综合理解。

本书以生物进化论切入科学的信念问题，可以看出对生物进化论的普及对于科学思维的接受是有促进作用的，在科学争议的接受度上有正面的影响。当人们被告知一种科学理论的正确后，人们加深的不一定是对这个理论本身的理解和接受，而是对科学的信念。

　　科学事件、议题和人物是相通的，每一点成绩都在为科学的信念加固。科普工作中，尤其是转基因技术这种争议性较大的议题中，对于已经有了明确负面倾向的公众，如果在继续针对此议题进行解释和分析的效果不理想的情况下，可以从其他议题入手，在其他科学议题和科学理论中加深其对科学的信念和信心，也能在波及争议议题时起到辅助作用。

　　运用转移注意力的方式去转换话题，比如我们的重大科学成就的普及一定要继续开展，新的通信技术、前沿的医疗技术等能够较大改善人们生活而又不会对健康和环境造成影响的事实要多让公众接触到，公众对此的认可和理解都是对科学的认可，这都能增强对科学的信心。而对科学的总体信心是可以增强对具体的科学事件的支持的。

　　远观美国，通过对其儿童电视节目的分析，我们可以看出美国的科学教育从小就开始了，在电视教育类节目里渗透进了 STEM 体系内的知识，并且运用科学范式方法比如做实验、提研究问题等去解释现象。这种思维体系从小便开始培养，那么孩子们长大后更会自然而然地秉持着科学范式去开展生产和生活，这对我国也有借鉴意义。

二、有效运用传统文化社会理念

　　我们的传统文化社会理念在一定程度上确实影响着公众的科学态度，但是又需谨慎地看到，这些影响并不是根深蒂固不可根除地对科学认知形成了大障碍，相反其影响是有限的，而且还存在部分的正影响。

　　一旦科技类议题能够持续不断地争议、发酵成为舆论热点，其都不只停留在科学层面的探讨，而加入了社会经济政治文化等多因素的影响。以往的转基因技术相关的调查鲜有关注到社会文化层面的因素，本书以实证的方式证明，社会文化认知对于人们的科学信念有较大影响，回答了在中国的传播语境之下公众的社会文化信念、价值是怎样的，以及如何影响科学信念的问题。这验证了文化认知理论中人们相信科学，但是会选择性地接受不同文化、社会、政治背景的信息。不同个体的风险信息加工是不同的，需要充分考虑到社会文化因素对风险感知的作用。

比如中医文化和宿命论，只有在转基因技术议题中，中医文化支持者会不支持转基因技术，但是这种影响弱于宿命论和生物进化论的影响。从研究结果来看，公众对中医的总体支持度较为中立，证明中医文化的影响力不够强。而支持中医的人并不具有某一类型特征，其在性别、年龄、收入等方面都有较大差异，而中医本身也有不同的流派，其对人们世界观和价值观的指导作用从结论来看并不强。所以总体来看，中医文化的支持者并不一定对科学争议形成固定的刻板印象。同时，持宿命论观念的人越相信生物进化论、越支持中医，生孩子的数量也越多。这都可以看作是一种人生态度对于生活方式的选择所产生的影响。那么这种观念对于科学争议的抗争性其实是较弱的。

反观民科为什么会有市场，一些民科的观点往往植根于传统的文化思想或习惯之上，它们抓住的是公众的推理逻辑和有共鸣的思维体系。我们一方面需要看到部分民科的伪科学的一面，另一方面也需要吸收这些民科能获得较大传播效果的方式方法。

比如传播科学的主体如果完全运用西方科学研究范式去解读和传播信息，和公众之间形成鸿沟，那么传播效果一定是受到影响的，所以对于不好解释的科学问题如果能转换思维用我们国家的传统文化思维去首先消化和理解，再用公众可以理解的方式去解读，那会更加事半功倍。

对科学的理解和吸收都是植根于文化背景，而科学的范式放置于四海之中，在不同的文化背景都会受到不同程度的影响，存在着文化折扣的现象。那么，我国的有利方式之一就是在传统文化背景框架下去吸收和理解科学议题和事件，转换语境和修辞方式，把道理说通，才能真正让公众深层地理解科学从而产生信任。

而如果一味地将现代科学和传统文化相对立，那么在没有完全建立科学思维的时候彻底打破其传统文化信念，会让人们更加缺乏信仰与信念，面对新事物、新成果、新争议时更加手足无措。

三、重视科学家的公信力

科学家是区分科技争议和一般热点事件的最重要特征之一。虽然在全球范围内近年来对科学家的信任度在下降，但是科学家仍然是公众在科技议题中最为信任的信源之一。

科学研究的有效开展依赖于科学家。而科学家自身的公信力也受到科研诚信、科学讨论等个人的和社会的因素影响。科学家是科技争议议题中的重要意见领袖。

我国的科普事业中科学家的角色缺失比较严重这是我们的现状，科学家的普及主要在于对媒体记者发表自己的观点，再经由媒体记者将之转换语言并运用。科学家不直接科普我们要看到两面性，一方面科学成果和结论需要通过媒介的中转可能存在信息的误读和缺失，这是有问题的一面；另一方面，让科学家和公众保持一定的距离在我们集体主义文化为主的社会里，是可以保持科学家的权威性的，这种权威有助于塑造其公信力和公众对其的信任。

近年来许多科技与社会的研究都强调，面对新兴科技风险，民众并不是"无知"的，在转基因等新兴科技上，弥合科学理性与社会理性的关键，不是提高对科技的理解程度，而是增加其对科学家、产业及国家的信任。重新建立公众对专家系统的信任，树立科学系统的权威，是科学理性与社会理性从对抗走向协商的必然出路，也是促进科技争议形成共识的解决之道。

四、公共讨论中的一致与冲突

公共讨论是有很强的舆论引导作用的。研究证明，每一次的公共讨论都会塑造一群公众的观点，尤其是让那些原本中立的人形成自己的观点。

在公共讨论中，我们需要特别关注专家的话语和角色。在专家话语中尽量追求一致性。

在当下中国，公众对以科学权威为代表的专家系统已显现出信任困境。不断加剧的科技风险迫使公众寄希望于从专家体制中寻求保障，但高科技事故的不断爆发又使公众对专家的权威地位产生怀疑，而专家意见的分歧会进一步削弱公众对专家系统的信任。

专家在参与类似 PX 项目这样的决策活动时要非常谨慎，要努力避免由于沟通的失败、被误解和缺乏代表性所带来的危险。也就是说，专家的立场是否中立，专家的观点是否代表同行共同体，专家如何避免专业表述造成的理解障碍和简化表述造成的理解偏差都尤为重要。

专家和专家之间的冲突容易形成困惑，但是专家和媒体之间和公众代表之间的讨论，如果形成冲突也是开放对话的重要模式。

近年来在我国媒体上出现的转基因争论一种是媒体人和学者之间的争论，如公众熟知的崔永元和方舟子之间的论战、崔永元和卢大儒的转基因之辩等，由于双方的知识背景和信息的不对称等因素，争论主要集中在挺转或反转的立场、权益和动机方面，难以理性地讨论转基因的安全性或风险性，甚至演变成双方的相互指责和争吵，算不上真正意义的辩论。另一种是媒体举办的一些转基因公开辩论，如凤凰卫视的电视评论节目"一虎一席谈：中国该不该拒绝转因"，正反双方的组成更加多元化，通常生物领域的科学家扮演着挺转角色，而诸如绿色和平组织、人文学者等则扮演的是反转角色，在辩论中由于知识背景的差异，双方在一些问题的提出和解答上呈现出"单向""错位""失衡"的话语表达特点，并且部分观点的表述不够严谨，对于受众而言缺乏可信度。有学者指出，只有存在争论双方共同认可的一种"符号"，争论双方才有可能彼此理解，从而进行平等的对话。

因此，如何在中国开展一种更加有效和理性的转基因辩论和科学对话活动？科学家们如何用科学数据和研究案例来解释公众普遍关心的转基因问题，促进转基因议题的深入讨论或形成共识，是现阶段我国科学传播面临的重要课题。纳瓦罗（Mariechel Navarro）指出科学家应该精心建构一种共享文化，在该文化中，科学信息需要和公众利益相互协商。这样可以使科学家维持其解释性说明并通过意义共享来构建现实。如何去建构这种共享文化？需要政府、科学界、媒体和公众等共同努力，搭建起转基因议题沟通、对话和协商的平台，越来越多地开展深入的和理性的辩论，促进在争议性科学议题上的实质性对话或形成共识。

五、重视媒介使用与网络公共表达渠道

（一）重视电视媒介的公信力

电视媒介在传统媒体中仍然具有重要的作用，有媒介守望的功能，拥有较高的媒介公信力。在争议性科技议题中，电视也是公众获取信息并形成态度的重要来源。我们发现在转基因议题中，只有电视新闻报道较为全面地覆盖了转基因食品的子议题，并且在公众的态度形成上产生正面影响。

电视新闻报道目前更偏重态度的导向，在价值层面上引导着公众，但是事实层面的内容有缺失。在未来的传播工作中，媒介应该成为主要的知识传授者，传播转基因食品的我国现状，主要包括商业化推广的情况和监管的法规力度等，让公众了解到这些事实性知识，这并不涉及"反转"或"挺转"的立场。比如在政府监管方面不用主观评价来告知公众我国政府监管很严格，而是通过客观的案例、条例等进行展示和解释，在判断转基因食品的方法上，我国采用的是定性按目录强制标识制度，不同于其他国家的按百分比来判断，这样的事实如果能生动地告知公众，公众会自行形成判断我们的监管是严格的还是不严格的。那么这种用事实的方法而不是把判断告知的方法才是媒介对于公众议题判断形成的正确运用。

而如果我们没有把握住传递知识渠道的这个重要媒介，公众获取信息就会更集中于新媒体，包括网页、社交媒体等，相对来说，新媒体上的信息更不可控，尤其是自媒体的信息中渗透更多的观点和评价，对公众态度的引导效用更强。在实际的媒介信息呈现中，尤其是新媒体的信息对转基因这类争议科技的负面信息更多，那么公众接触的负面信息越多也越容易形成负面的态度。

（二）将社交媒体作为公共表达的有力平台

社交媒体已经不可避免地成为公众获取科技健康类信息的重要渠道，对公众事实性知识的掌握和态度形成都有着重要作用。而社交媒体上同时存在

着官方媒体的声音、科学共同体的声音、自媒体的声音等，虽然负面的信息往往更容易引起人们的关注并煽动起情绪，但是这些信息并不是洪水猛兽，需要科普组织和健康组织有效加以利用。

由于社交媒体信息中意见领袖的作用在争议性科技议题中影响很大，所以更应该有效利用科学家的表达渠道，形成公共意见的引领作用。但同时需注意，科学共同体内部表达的原则上的一致性很重要，而如果形成了根本性观点的冲突，虽然能博得眼球，但是这种冲突会加剧公众对科学家的不信任。

从实践角度来看，在争议性公共议题中，政策制定者和实践推动者都希望能听到公众真实的声音，而从研究结果来看，由于沉默螺旋的现象的存在，表达出来的主流意见可能并不能代表大多数，尤其是在态度更为负面，争议更厉害的议题中。

所以在议题的讨论中，尤其是社交媒体的平台上，由于有众多自媒体的加入，更有了多元意见的潜能。在转基因这样的争议议题中，应该在平台上提供更多元化的意见和表达的渠道，让人不会轻易感受到自己的意见和主流意见一致与否，将更可能刺激更多人的表达。而且公众在听到更多角度的声音时，更不容易形成一边倒的一致意见。

反之，如果在公共事务上希望推行某种意见时，去加大这种意见发生的频率和途径，则更可能降低各方的噪音，形成一种主流的意见。

六、实行公众细分的传播策略

根据公众细分的结论，制定政策和实行科普工作时，可以制定不同的策略。比如积极公众是在公众中最重要的人群，他们有问题意识，更积极地投入参与性活动中，并且对大众群体的舆论形成具有重要作用。

所以针对积极公众的传播策略就更为重要。首先依据本书的方法可操作化地可以将人群细分，挖掘其人口统计学特征，了解其年龄构成、地域分布、学历和收入情况等信息，再根据其传播行为的影响因素找到有效的沟通渠道和方式去进行接触，这对于整体的大众的态度有重要作用。

同时积极地争取知晓公众的支持，更多地对潜在公众进行普及，以最大限度地最有效地实行传播策略。

最后，本书存在的局限性主要包括以下几点：

首先，多数研究通过问卷调查来完成，而问卷的发放存在局限，比如对转基因、食品添加剂和雾霾议题的几轮问卷调查中，问卷通过问卷星样本库以及滚雪球的方式发放了三轮，无论何种取样方式都无法做到对全体民众的随机抽样调查，在样本的代表性上存在欠缺。虽然问卷星的样本库成员超过260万，且在年龄、性别、地域等特征分布上尽可能与网民分布相近，但是注册成为问卷星样本库成员的人大多还是互联网使用的深度用户，无法代表整体人群，所以我们的样本群体代表的是我国的网民群体，还无法推及所有人群。但是和往年调查的一些基本态度变量的结果比较一致，相互之间可以验证我们样本的可信度。

其次，调查问卷的方式是研究的基础，我们回答了涉及个人、社会等多方面的变量的检验，考察了大量的影响因素，但是对于人们更深层次的想法还需要结合深度访谈等方式去完成。多样化的研究方法是未来可以深入研究这个议题的主要方向。

最后，对我国社会文化因素的探讨中，尤其是传统文化的分析中，仅讨论了中医文化、宿命论、生物进化论的影响，而未能对其他的丰富的社会文化因素做系统的分析，主要是因为已有研究探讨过对"天人合一"等传统文化的影响，本书是从新的视角切入以往没有关注到的内容，比如对中医的影响就是个探索，而宿命论和生物进化论是西方文献中经常讨论的因素，但是在我国的文献中没有出现，所以对此希望与国际学术界进行对话。社会文化因素不是本书的研究重点，本书只是探索性研究，但是这些有意思的结论可以在今后的研究中进一步展开。

另外，对 STEM 标准的探索选取的是美国的电视节目做的内容分析，而没有运用中国的节目，原因有二：其一，因为 STEM 标准是美国提出的，而且其教育体系里从幼儿园阶段开始贯穿于其 K12 的要求，也就是说其教育目标已经按照 STEM 来制定，那么其科学教育类节目则更可能符合这套标准。

反观国内，国内彼时还并没有把 STEM 作为自己的教学标准，所以如果拿美国的标准来分析中国的节目可能会出现一些新的问题。其二，国内的教育类幼儿节目数量有限，尤其是国产动画片里明确加入科技知识元素的并不多见，所以在样本选择上难度较大。这里考察的美国的 STEM 标准是在关注美国的一种科学价值观念的渗透和反馈，确切地说是在公众参与科学中的传播类型里，我们考察的是媒体为主体，以期引入国际观念和经验。

　　在未来的研究方向上，可以考虑信任因素等更多心理变量和健康素养的影响，这样可以更为全面地勾勒我国科技争议中的传播影响因素。同时，对争议议题再进一步细化为环境类议题、食品安全议题等，每一类议题可能还存在区分因素，本书中挖掘出了基本态度的差别的重要影响，未来还可以进一步挖掘其他因素。

参考文献

一、中文专著

［1］乌尔利希·贝克. 风险社会——通往另一个现代的路上［M］. 汪浩, 译. 台北: 巨流图书公司, 2003.

［2］赫伯特·斯宾塞. 社会学研究［M］. 张红晖, 胡江波, 译. 北京: 华夏出版社, 2001.

二、中文期刊

［1］陈刚. 转基因争议与大众媒介知识生产的焦虑——科学家与新闻记者关系的视角［J］. 国际新闻界, 2015（1）.

［2］范敬群, 贾鹤鹏, 艾熠, 等. 转基因争议中媒体报道因素的影响评析——对 SSCI 数据库 21 年相关研究文献的系统分析［J］. 西南大学学报（社会科学版）, 2014, 40（4）.

［3］何跃, 朱婷婷. 基于微博情感分析和社会网络分析的雾霾舆情研究［J］. 情报科学, 2018（7）.

［4］胡百精. 互联网与对话伦理［J］. 现代传播, 2015（5）.

［5］黄彪文. 转基因争论中的科学理性与社会理性的冲突与对话: 基于大数据的分析［J］. 自然辩证法研究, 2016（32）.

［6］贾鹤鹏, 闫隽. 科学传播的溯源、变革与中国机遇［J］. 新闻与传播研究, 2017（2）.

［7］金兼斌，楚亚杰.科学素养、媒介使用、社会网络：理解公众对科学家的社会信任［J］.全球传媒学刊，2015，6（2）.

［8］李明德，张玥，张琢悦，等.2014—2017年雾霾网络舆情现状特征及发展态势研究——以新浪微博的内容与数据为例［J］.情报杂志，2018（11）.

［9］李楠，姚远.生物进化论经由《新青年》在近代中国的传播［J］.西北农林科技大学学报（社会科学版），2011，11（4）.

［10］刘兵，侯强.国内科学传播研究：理论与问题［J］.自然辩证法研究，2004（5）.

［11］刘海龙.沉默的螺旋是否会在互联网上消失［J］.国际新闻界，2001（5）.

［12］刘梓娇，李志红.中美新闻周刊科技报道比较研究——以《三联生活周刊》与美国《时代》周刊为例［J］.自然辩证法研究，2012，28（9）.

［13］彭泰权，单娟.公共关系的公众细分及其传播策略［J］.国际关系学院学报，2005（4）.

［14］尚智丛，杨萌.科技政策的文化分析——公民认识论的兴起与发展［J］.自然辩证法研究，2013（4）.

［15］王大鹏，钟琦，贾鹤鹏.科学传播：从科普到公众参与科学——由崔永元卢大儒转基因辩论引发的思考［J］.新闻记者，2015（6）.

［16］吴林海，钟颖琦，山丽杰.公众食品添加剂风险感知的影响因素分析［J］.中国农村经济，2013（5）.

［17］吴文汐，王卿.失衡的镜像：网络视频中争议性科技的媒介框架——以优酷热门转基因视频为例［J］.新闻界，2017（2）.

［18］肖显静，屈璐璐.科技风险媒体报道缺失概析［J］.科学技术哲学研究，2012，29（6）.

［19］熊壮."沉默的螺旋"理论的四个前沿［J］.国际新闻界，2011（11）.

［20］胥琳佳，陈妍霓.受众对草本产品的认知态度与行为研究——基

于公众情境理论模型和理性行为理论模型的实证研究 ［J］. 自然辩证法通讯, 2016（3）.

［21］胥琳佳, 刘佳莹. 社会文化因素对我国公众关于转基因技术与食品添加剂的态度的影响 ［J］. 自然辩证法研究, 2018（10）.

［22］岳丽媛, 张增一. 风险与安全: "PX" 议题报道中专家话语分析 ［J］. 自然辩证法研究, 2017（8）.

［23］曾繁旭, 戴佳, 杨宇菲. 风险传播中的专家与公众: PX 事件的风险故事竞争 ［J］. 新闻记者, 2015（9）.

［24］张迪, 古俊生, 邵若斯. 健康信息获取渠道的聚类分析: 主动获取与被动接触 ［J］. 国际新闻界, 2015（5）.

［25］张伦, 胥琳佳, 易妍. 在线社交媒体信息传播效果的结构性扩散度 ［J］. 现代传播, 2016（8）.

［26］郑泉, 张增一. 转基因议题中科学话语的建构策略分析——以美国 "智能平方" 举办的一场转基因辩论为例 ［J］. 自然辩证法通讯, 2018（40）.

三、英文期刊

［1］ALDOORY L, VAN DYKE M. The roles of perceived "shared" involvement and information overload in understanding how audiences make meaning of news about bioterrorism ［J］. Journalism & Mass Communication Quarterly, 2006, 83（2）.

［2］AUGOUSTINOS M, CRABB S, SHEPHERD R. Genetically Modified Food in the News: Media Representations of the GM Debate in the UK ［J］. Public Understanding of Science, 2010, 19（1）.

［3］BENTLER P M, BONETT D G. Significance tests and goodness of fit in the analysis of covariance structures ［J］. Psychological bulletin, 1980, 88（3）.

［4］BREWER P R, LEY B L. Multiple exposures: Scientific controversy, the media, and public responses to Bisphenol A ［J］. Science Communication,

2011, 33（1）.

　　［5］CHRYSSOCHOIDIS G, STRADA A, KRYSTALLIS A. Public trust in institutions and information sources regarding risk management and communication: Towards integrating extant knowledge ［J］. Journal of Risk Research, 2009, 12 （2）.

　　［6］CUI K, SHOEMAKER S P. Public perception of genetically-modified （GM）food: A Nationwide Chinese Consumer Study ［J］. npj Science of Food, 2018, 2 （10）.

　　［7］DIXON G N, MCKEEVER B W, HOLTON A E, et al. The power of a picture: Overcoming Scientific Misinformation by communicating weight - of - evidence information with visual exemplars ［J］. Journal of Communication, 2015, 65 （4）.

　　［8］FISHBEIN M, AJZEN I. Beliefs, attitude, intention, and behavior: An introduction to theory research ［M］. Reading, MA: Addison-Wesley, 1975.

　　［9］FISHBEIN M, CAPPELLA N. The role of theory in developing effective health communications ［J］. Journal of Communication, 2006, 56 （S1）.

　　［10］GLYNN C J, PARK E. Reference groups, opinion intensity, and public opinion expression ［J］. International Journal of Public Opinion Research, 1997, 9 （3）.

　　［11］GRUNIG J E. Publics: Audiences and market segments: segmentation principles for campaigns ［M］ // Salmon C T. Information campaigns: balancing social values and social change. Sage: Newbury Park, 1989.

　　［12］HUFFAKER D. Dimensions of leadership and social influence in online communities ［J］. Human Communication Research, 2010, 36 （4）.

　　［13］KIM S, KIM H, OH S. Talking About Genetically Modified （GM） Foods in South Korea: The Role of the Internet in the Spiral of Silence Process ［J］. Mass Communication and Society, 2014 （17）.

　　［14］KIM S H, KIM J N, BESLEY C J. Pathways to support genetically modified (GM) foods in South Korea: Deliberate reasoning, information shortcuts, and the role of formal education [J]. Public Understanding of Science, 2012, 22 (2).

[15] MILLER D. The measurement of civic scientific literacy [J]. Public Understanding of Science, 1998 (7) (3).

[16] MOY P, DOMKE D, STAMM K. The spiral of silence and public opinion on affirmative action [J]. Journalism and Mass Communication Quarterly, 2001, 78 (1).

[17] NELKIN D. Science Controversies: The Dynamics of Public Disputes in the United States. Handbook of Science and Technology Studies [M]. London: SAGE Publications, 1994.

[18] NISBET M C. The competition for worldviews: Values, information, and public support for stem cell research [J]. International Journal of Public Opinion Research, 2005, 17 (1).

[19] NOELLE-NEUMANN E. The spiral of silence: A theory of public opinion [J]. Journal of Communication, 1974, 24 (2).

[20] PRIEST S H. Public discourse and scientific controversy: A spiral-of-silence analysis of biotechnology opinion in the United States [J]. Science Communication, 2006, 28 (2).

[21] WILLNAT L. Mass media and political outspokenness in Hong Kong: Linking the thirdperson effect and the spiral of silence [J]. International Journal of Public Opinion Research, 1996, 8 (2).

[22] XU L, HUANG B, WU G. Mapping Science Communication Scholarship in China: Content Analysis on Breadth, Depth and Agenda of Published Research [J]. Public Understanding of Science, 2005, 24 (8).

[23] ZHENG Y, MCKEEVER B W, XU L J. Nonprofit Communication and Fundraising in China: Exploring the Theory of Situational Support in an International Context [J]. International Journal of Communication, 2016, 10.

后　记

　　本书的写作起始于 2012 年，从我接触到科学传播这个学科起。那时我发现它是新闻传播学和科史哲学科的交叉学科，在国内新闻传播学界的关注度还不高。我的博士导师喻国明教授非常鼓励我开展这个方向的研究，他敏锐地捕捉到了科技领域在新闻传播学科的重要前景，我很感谢恩师，指引我踏入科学传播的研究。

　　2012 年我进入中国科学院大学（当时名为中科院研究生院，后更名）人文学院做师资博士后，跟随合作导师张增一教授从事科学传播的研究和教学工作，开始系统学习国内外科学传播领域的前沿内容，并且接触到科技哲学的反思，这对于构建我对科学传播的整体认知打下了基础。我原本希望可以著书对科学传播整体学科做一些阐述，但是本人能力有限，总结这近十年来的相关研究工作，只能选取科技争议的切入点略做描摹。

　　在中科院大学工作期间，张增一教授建立了优秀的学术团队，我昔日的同事——现北京师范大学副教授张伦、北京交通大学副教授黄彪文——都与我一起展开了深入的合作研究，郑泉博士、岳丽媛博士也是我们研究团队中的得力干将。

　　我也有幸进入自然辩证法学会科学传播与科学教育专委会担任秘书长工作，以及中国科技新闻学会担任理事，在这两个活跃的学术团体中结识了优秀的学术同人们，在学术交流中鞭策着我的研究工作。其中，我与中国科普研究所副研究员王大鹏展开了合作研究。

　　调入对外经济贸易大学中文学院后，我的科研工作一直得到了学院和学校的大力支持。我的研究生李秋杪、张梦丽、张文杰、王玥琪、刘贝、杨一丹、满妍廷，在做学术训练的同时也协助我进行了大量的文献整理工作。

美国佐治亚大学副教授刘佳莹从 2009 年起开始和我合作发表论文，2019 年我前往佐治亚大学做访问学者，这些年来我们一直没有间断过科研和生活上的交流。我们还和美国俄克拉荷马大学教授 Jeong-Nam Kim、美国奥本大学助理教授 Myong-Gi Chon、韩国延世大学助理教授 Jarim Kim 建立了稳固的学术团队，开展跨国研究。

美国加州州立大学助理教授郑悦也是我多年的学术伙伴，我于 2010 年在美国宾夕法尼亚大学联合培养期间，就与她和她的博士导师南卡罗来纳大学副教授 Brooke McKeever 建立了良好的合作关系，开展中美间的对比研究。

上述各位老师、同人、朋友们在我近年来的学术研究中，特别是本书的成书过程中，均给予了极大的帮助和支持。还有很多无法一一提及的友人们，我深知，没有家人与朋友的无私帮助，我是无法再次出版一部专著的。

虽然本书的论述还很粗浅，还是很感谢此次能够出版，希望与各位学界、业界的专家同人探讨。

胥琳佳

2022 年 4 月 21 日